衛星通訊

董光天　編著

全華圖書股份有限公司

國家圖書館出版品預行編目資料

衛星通訊 / 董光天編著. -- 初版. -- 新北市
全華圖書, 2016.08
面； 公分
ISBN 978-986-463-324-1(平裝)

1.衛星通訊
448.79   105015278

衛星通訊

(附部份內容光碟)

作者 / 董光天

發行人 / 陳本源

執行編輯 / 吳怡璇

出版者 / 全華圖書股份有限公司

郵政帳號 / 0100836-1 號

印刷者 / 宏懋打字印刷股份有限公司

圖書編號 / 06312007

初版一刷 / 2016 年 09 月

定價 / 新台幣 320 元

ISBN / 978-986-463-324-1

全華圖書 / www.chwa.com.tw

全華網路書店 Open Tech / www.opentech.com.tw

若您對書籍內容、排版印刷有任何問題，歡迎來信指導 book@chwa.com.tw

臺北總公司(北區營業處)
地址：23671 新北市土城區忠義路 21 號
電話：(02) 2262-5666
傳真：(02) 6637-3695、6637-3696

中區營業處
地址：40256 臺中市南區樹義一巷 26 號
電話：(04) 2261-8485
傳真：(04) 3600-9806

南區營業處
地址：80769 高雄市三民區應安街 12 號
電話：(07) 381-1377
傳真：(07) 862-5562

自序

　　衛星通訊基本上由在軌衛星與地面工作站組成，兩者均具有收發信號功能，有關其間功能性運作大體上可分物性與電性兩大方面進行探討，物性參數重點在其所在位置高度、方向、角度與結構性等各項參數。電性參數重點在電子與電磁之間的信號收發能量轉換，其中天線所佔的工作角色十分重要，又因衛星信號收發能量所經空間環境十分複雜，因此對信號收發的影響亦需列入考量。其他傳送收發信號的處理方式亦屬多元化，尤其在軌衛星所在環境變化至大，對其內部所使用的電子零組件需特別考量到是否適應特殊複雜環境因素的變化。對地面工作站的構建選址除依規格需求施工之外，另對信號在地面工作站與其他控制室與工作室之間介面電纜線與光纖選配亦十分重要。由於衛星信號接收十分微弱，對其週邊所涉各項干擾問題亦需列入重點排除工作。

　　本書特色在綜合作者過去於公教單位任職衛星通訊與電磁干擾工作多年工程實務經驗，整合相關各項問題共分十四項主題，以 208 個問題問答並附工程應用方式撰寫，為一典型工程人員實務應用工具書。深信對在此工作領域學者將有所助益，除此，其中基礎認知、近遠場、數位、錯率、電磁干擾部份，可參閱作者全華書局《電磁干擾防治與量測》1000Q/A 一書，另有進階細部說明以饗讀者。

　　本書英文部份摘自中文以重點提示、設計指引、數據圖表方式撰寫，以此提供讀者中英文專業名詞對照，以利讀者日後研讀相關衛星通訊英文專業書籍與科技報告參用。

作者：董光天

日期：105 年 8 月 11 日

電話：(03)4895193

作者簡介

　　作者 30 年次(1941)年滿 75 歲，籍貫安徽舒城，出生地廣西桂林，8 歲隨家人來台謀生，早期中小學就讀台北市南區各校，民國 55 年畢業中正理工學院電機系，進入軍旅生活 40 年。民國 60 年 30 歲進入中山科研院工作 35 年，至民國 95 年 65 歲退休，力任天線、通訊、雷達、電磁干擾、品保工作領域。其間民國 64 年、65 年曾赴美西北大學進修電機碩士，並於民國 91 年由全華書局發行作者所著《電磁干擾防治與量測 1000 Q/A》一書，至民國 104 年已再版七次，此書另有簡體字版亦在大陸發行。

　　民國 95 年年屆 65 歲退而不休，續任工研院多項課程講師及任公教與民間廠家電子專業顧問諮詢工作。

　　然人生無常，民國 102 年罹患肺癌，經榮總胸腔外科主任 蔡俊明主治醫生、研究助理 王韻涵小姐，個案管理宋易珍小姐及他的團隊與其他部門成員細心診療，慶幸得以穩定控制。另人云：七老八十而齒動搖，在此亦得幸第一牙科 陳仁崇醫師、護理黃瑞芳小姐及他的團隊之長期診療，得以延續使用。由於這二項重要身體保健工作得宜，尤以前者事關生命壽期，使作者得以在電子專業上退而不休繼續各項工作貢獻業界，在此特別謹表內心萬分由衷謝意。

作者：董光天

日期：105 年 8 月 11 日

電話：(03)4895193

Preface

Basically, Satellite Communication is composed of a satellite on high earth orbit and a ground station on earth. Both of them have *Tx/RCV* functional capability. As For their functional operation can be analyzed in physical and electrical field in separation. The keypoint of physical parameters is focused on its location in Altitude, direction angle and installation structure parameters. The keypoint of electrical parameters is focused on the signal energy transfer between *EE* (electronic and electrical) and *EM* (electrical field and magnetic field) for *Tx/RCV* back and forth. Antenna plays an very important leading role among all parameters in Satellites Communication. On the other hand, the influence of extremely complicated environmental situation in space on Satellite communication will be also studied. The way of processing satellite signal management is Multiple access modes. In particularly, Ambient condition for the satellite on high earth orbit is changed from time to time abruptly. It is necessary to consider whether the equipments can be in normal operation or not to meet the requirement in such a special serious changeble complicated ambinent condition. Ground station will be constructed to meet proper location and specification. Besides, how to layout the RF cable and fiber link for *Tx/RCV* is also very important among ground station, control room, work room. *EMI/EMC* should be solved. Since communication signal is so weak at *RCV* port in Satellite Communication system that the *EMI* problems become obviously a serious problem to satellite communication system.

The Characteristics of this book is a summary of past practical experience in Satellite Communication field Since author used to work as an employee in a government organization in Satellite Communication and *EMI/EMC* field for many years. The contents of this book consist of 14 topics. It is written in 208 Q/A format plus engineering application as a very useful typical engineering handbook for readers.

As for Basic, *NF/FF*, Digital signal, Digital signal BER, *EMI/EMC* in the book, the readers may read Author's "Chuan Hwa EMI/EMC 1000 Q/A (7th edition)" for your advanced study.

The English notes are written as a summary in formation of keypoints, guidelines, tables, diagrams. It provide not only the related profesional terms in English compared with Chinese but also helps readers for further study in reading related profesional books and technical reports in Stellite Communication field in English in the future.

Author：Kwang-Tien, Tung

Date：Aug 11, 2016

Phone：(03)4895193

Autobiography

- A native of Shun Cheng, An Hui province at age of 75, I was bored in Gui Lin, Guang Si province in 1941 and moved to live in Taiwan with my family at age of 8. Educated in Primary elementary high school in Southern district of Taipei and graduated from Chung Chun Science and technology academy *EE* Dep., I had taken service in Military careers for 40 years before I retired at age of 65 in 2006. It was almost 35years in R/D work in Antenna, Communication, Radar, *EMI/EMC*, Q.A. field since I entered in Chung-Shan Science and technology institute at age of 30 in 1971. Meanwhile, I had an opportunity to study *EE* Master Degree in Northwerstern University U.S.A. in 1975 – 1976. Besides, I wrote a book named after *EMI / EMC* prevention / test 1000 Q/A published by Chwa Hua book Company in 2002. Afterward, the book has been revised over and over for 7th edition till now in 2015. In coherence, the simplification Chinese edition was also published in Mainland China recently.

- Currently, I am an instructor for several courses sponsored by industry technology research institute and a consultant in *EE* field for public / private organlizations.

- The lift and fatal are unpredicated, I had a hard of luck because I was involved in Lung Cancer in 2013. However, it is lucky, director of department of Chest Medicine, Chief Doctor Tsai, chun-Ming, study nurse Miss Wang Yun-Han, care manager Miss Sung Yi-chen, his team in Chest Medicine and all other numbers in Taipei Vetereans general hospital have cured me of Lung Cancer effectively that the clinic becomes under control and stable gradually. There is an old saying which goes your teeth will be worse and worse while you get older and older. It is lucky, Dentist Doctor Chen, Jen-Chung, Nurse Huang Rui-fang, his team have curved me teeth properly all the time. It makes my teeth in use until now.

I, myself, feel deeply My health is well taken care to make me to continue to contribute my jobs in *EE* field without interruption after retirement. Base on this, I am sincerely very appreciated to thank their medical cure with all my heart. In particularly, cureing cancel is related to a victim how long he will live in his life.

To all member of my family in Taiwan and Peckner, Marc Arion, Szu-Ching Tung, Sophica L. C. in San Francisce, California, U. S. A.

Author：Kwang-Tien, Tung
Date：Aug 11, 2016
phone：(03)4895193

編輯部序

　　「系統編輯」是我們的編輯方針，我們所提供給您的，絕不只是一本書，而是關於這門學問的所有知識，它們由淺入深，循序漸進。

　　作者在衛星通訊方面，累積多年的研究經歷及工作經驗，全書以問答 Q/A 方式書寫，分為 14 章，共計 208 題，從 1.基礎認知、2.近場遠場、3.空間環境、4.發射與接收、5.天線增益溫度雜訊比、6.射頻雜訊比、7.反射面天線、8.低雜訊放大器、9.類比信號、10.數位信號、11.直播衛星、12.轉發器、13.脈波信號錯率、14.電磁干擾；本書另附英文摘要光碟，將有助讀者日後研閱在此工作領域中，英文專業名詞對照之用。

　　內容由淺入深、循序漸進，結合理論與實務逐一問答，以一本實務應用工具書的形式呈現給讀者，使讀者對於想進一步了解或疑惑的部份，能夠立即得到答案與專業說明，進而產生事半功倍的作用。

　　同時，為了使您能有系統且循序漸進研習相關方面的叢書，我們以流程圖方式，列出各有關圖書的閱讀順序，以減少您研習此門學問的摸索時間，並能對這門學問有完整的知識。若您在這方面有任何問題，歡迎來函連繫，我們將竭誠為您服務。

相關叢書介紹

書號：0597801
書名：無線通訊射頻晶片模組設計 –
　　　射頻系統篇(修訂版)
編著：張盛富.張嘉展
20K/304 頁/410 元

書號：0597901
書名：無線通訊射頻晶片模組設計 –
　　　射頻晶片篇(第二版)
編著：張盛富.張嘉展
20K/360 頁/450 元

書號：05620
書名：高頻電路設計
日譯：卓聖鵬
20K/384 頁/420 元

書號：06032
書名：無線通訊時代的天線設計
日譯：黃獻鋒
20K/240 頁/300 元

書號：0501906
書名：電磁干擾防制與量測(第七版)
編著：董光天
16K/496 頁/550 元

書號：0905402
書名：GPS 定位原理及應用(第三版)
編著：安守中
20K/296 頁/350 元

書號：0627201
書名：第四代行動通訊系統 3GPP
　　　LTE-Advanced：原理與實
　　　務(第二版)
編著：李大嵩.李明峻.李常慎
　　　黃崇榮
16K/392 頁/480 元

◎上列書價若有變動，請以
　最新定價為準。

流程圖

書號：0597801
書名：無線通訊射頻晶片模
　　　組設計 – 射頻系統篇
　　　(修訂版)
編著：張盛富.張嘉展

書號：05973017
書名：天線設計 – IE3D
　　　教學手冊(第二版)
　　　(附範例光碟)
編著：沈昭元

書號：0501906
書名：電磁干擾防制與量測
　　　(第七版)
編著：董光天

書號：0555703
書名：數位航空電子系統
　　　(第四版)
編著：林清一

書號：06312007
書名：衛星通訊(附部分內容光碟)
編著：董光天

書號：0905402
書名：GPS 定位原理及應
　　　用(第三版)
編著：安守中

目錄

Contacts

Chapter

基礎認知

Q1: 試比較電子系統工作頻段新舊制頻譜分析界定範圍？

A: 舊制定於二戰期間，新制定於二戰後，不論新舊制當時所定頻段涵蓋頻譜範圍，均以軍用雷達通訊裝備系統工作頻率頻寬為考量對象，商用電子裝備系統發展居後，小延用軍用頻段頻譜定義所定界定範圍。新舊制頻段頻譜分類如表1、表2。

表 1 舊制

頻率範圍(GHz)	頻段界定
0.1–0.3	VHF
0.3–1.0	UHF
1–2	L
2–4	S
*4–8	C*
8–12	X
*12–18	Ku*
18–24	K
24–40	Ka
40–100	mm

表 2　新制

頻率範圍(GHz)	頻段界定
0.1–0.25	A
0.25–0.5	B
0.5–1.0	C
1.0–2.0	D
2.0–3.0	E
3.0–4.0	F
*4.0–5.5	G*
*5.5–8.0	H*
8.0–10.0	I
*10.0–20.0	J*
20.0–40.0	K
40.0–60.0	L
60.0–100.0	M

工程應用： 衛星通訊依舊制位於 C 波段(4-8G)，Ku 波段(12-18G)。

　　　　　依新制位於 G 波段(4-5.5G)，H 波段(5.5-8.0G)，J 波段(10-20G)。

Q2: 衛星通訊常用工作頻率頻段參用新舊制其頻率頻段所在範圍為何？

A: 衛星通訊以舊制界定多在 C band 與 Ku band，以 C band 為例，發射頻率上鏈傳送定於 5.925～6.425GHz，接收頻率下鏈接收定於 3.7～4.2GHz。以 Ku band 為例，發射頻率上鏈傳送定位 14～14.5GHz，接收頻率下鏈接收定於 10.95～11.2GHz 或 11.45～11.7GHz。以此對照新舊制頻率頻段界定，以舊制為例可分兩大類一在 C band，一在 Ku band。以 C band 為例，對照新制相當於 H band。以 Ku band 為例，對照新制相當於 J band。

工程應用： 雖衛星通訊多在 4～8G，12～20G 範圍。一般衛星通訊產品仍以延用舊制波段為主，較少用新制波段，故舊制 C 波段(4～8G)、Ku 波段(12～18G)仍為衛星產品工作頻段選用的主流波段。

Q3: 如何定義衛星天線工作頻段為窄頻或寬頻？

A: 按窄頻定義　低頻 f_L、高頻 f_H、中心頻率 $f_o = \sqrt{f_H \times f_L}$，

頻寬比值 $\leq f_o \pm 5\% f_o$。

按寬頻定義　中心頻率 $f_o = (f_H + f_L) / 2$，頻寬比值 $f_H / f_L \geq 1.1$。

工程應用：以 C 波段衛星天線為例，射頻級頻寬 3.7G～4.2G，將 $f_L = 3.7G$，$f_H = 4.2G$，代入窄頻公式 $f_o = \sqrt{3.7 \times 4.2} = 3.94$，$BW = 4.2 - 3.7 = 0.5 \leq (3.94 \pm 3.94 \times 5\%) = 4.13 - 3.74 = 0.39$，按窄頻 BW 需 ≤ 0.39，但實際上 $BW = 0.5 > 0.39$ 不符窄頻需小於 0.39 條件，故不合窄頻定義。

如按寬頻公式 $f_o = (3.7 + 4.2) / 2 = 3.95$，$f_H / f_L = 4.2 / 3.7 = 1.13 \geq 1.1$，則合寬頻定義。

一般也有將窄頻定義簡化成為 10% (±5%)，寬頻定義簡化成為 25% (±12.5%)。

Q4: 為何衛星天線 E 與 H 場型均對稱相同？

A: 場型分佈狀況緣自反射面面徑形狀大小與反射面上場強(電流)分布狀態而定，凡面徑較長的方向波束較窄，面徑較短方向波束較寬，如長寬一樣如正方形或圓形，波束則呈對稱型也就是所稱 E plane 與 H plane 完全一樣而呈對稱模式。

工程應用：衛星天線反射面均為圓形，其波束在 E plane 與 H Plane 均相同對稱一致，也就是常見所知的筆尖型波束(pencil beam)，因其波束甚窄，多為高增益天線用於收發地面站與在軌衛星的信號。

Q5: 如何將信號由時域(time domain)轉換為頻域(frequency domain)？

A: 如圖示信號波形由 time 轉 frequency 示意圖

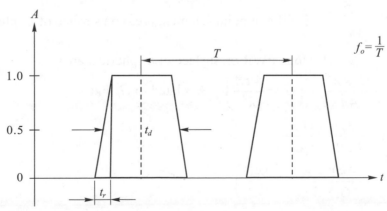

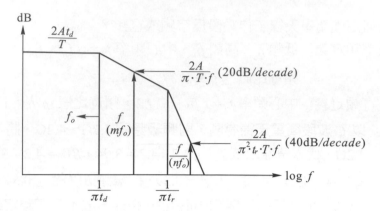

工程應用：各種不同信號波形與時域轉為頻率，其諧波皆按圖示公式各項參數計算轉換，由所得在頻率所示於不同頻率頻譜分佈圖中所示該頻率 f 信號強度大小，作為防制電磁干擾工作參用。對衛星通訊工作因衛星通訊裝備系統十分複雜，且結合各個工作頻率頻段不同所衍生的雜訊頻譜亦隨之變寬，除了需抑制本身所產生的雜訊，尚需考量本身是否具有一定免疫力，以防制外來雜訊干擾。就圖示頻域圖所示頻率頻譜圖中，嚴格來說除了 $f = \dfrac{1}{T}$ 為我們所需要的工作頻率以外，圖示中其他頻率頻譜皆屬我們所不需要的諧波頻譜，然就學理上此項諧波頻譜是存在，就實務上必須用結合、濾波、接地、接地、佈線等各種方法加以去除或抑制，以免造成電磁干擾問題。

Q6: 試推導自由空間電磁波行進衰減公式？

A: 按點輻射體(isotropic source)x，y，z 圓球坐標，將輻射體有關參數代入公式如下

$$P_R = \frac{P_T}{4\pi R^2} \quad \text{PWR at a point (element area) on surface of a spherical area}$$

$$P_T = P_R \times A \quad \text{total PWR on surface of a spherical area}$$

$$A = \frac{G_r \times \lambda^2}{4\pi} \quad \left(G_r = \frac{4\pi A}{\lambda^2} \right) \quad \text{A related to } G_r \text{ and } \lambda.$$

$$P_R = \frac{P_T}{4\pi R^2} \times \frac{G_r \lambda^2}{4\pi}$$

$$\frac{P_T}{P_R} = \frac{(4\pi)^2 \times R^2}{G_r \times \lambda^2} = \left(\frac{4\pi R}{\lambda} \right)^2$$

$$\lambda = \frac{0.3\text{km}}{f(\text{MHz})}$$

$$P_T(\text{dB}) - P_R(\text{dB}) = \text{space att (dB)}$$

$$= 10\log\left(\frac{4\pi R}{\lambda}\right)^2 = 10\log\left[\frac{4\pi R(\text{km})}{\frac{0.3}{f(\text{MHz})}}\right]^2$$

$$= 10\log\left[\left(\frac{4\pi}{0.3}\right)^2 \times f^2(\text{MHz}) \times R^2(\text{km})\right]$$

$$= 10\log\left[1750 \times f^2(\text{MHz}) \times R^2(\text{km})\right]$$

$$= 32 + 20\log f(\text{MHz}) + 20\log R(\text{km}).$$

$$= 92 + 20\log f(\text{GHz}) + 20\log R(\text{km}).$$

$$= 32 + 20\log f(\text{GHz}) + 20\log R(\text{m}).$$

$$= -28 + 20\log f(\text{MHz}) + 20\log R(\text{m}).$$

工程應用： 電磁波在空氣中行進，受空氣衰減影響而減弱與頻率、距離有關。頻率越高，衰減越大，距離越遠，衰減越大，將有關頻率及距離代入公式，即可算出衰減分貝(dB)數值。此公式亦可應用在近、遠場臨界距離推估，依公式 space att (dB) = 32 + 20 log f(MHz) + 20 log R(km)，如設 space att (dB) = 0dB 表示電磁波行進位於近遠場臨界距離，也就是位於非輻射區與輻射區之間，按公式 0dB = 32 + 20 log f(MHz) + 20 log R(km)，如已知 f(MHz)代入公式可求出近遠場臨界距離 R(km)，或已知距離 R(km)亦可求出近遠場臨界頻率。舉例如已知 f(MHz) = 100 代入公式 R(km) = 2.5 × 10^{-4}km，此時 R < 2.5 × 10^{-4}km = 25cm 為近場，R > 2.5 × 10^{-4}km = 25cm 為遠場。如已知 R(km) = 2.5 × 10^{-4}km 代入公式 f(MHz) = 100，此時 f(MHz) < 100 為近場，f(MHz) > 100 為遠場。

Q7: 靜態(熱能)雜訊含義如何應用在電子工程工作領域？

A: 靜態(熱)雜訊係因電子裝備系統開機供電，由裝備系統中本身零組件、線路等所產生的熱源雜訊，此項雜訊緣由 Botzmann 熱源雜訊公式，TNEP (total noise equivant PWR) = KTB。K 為 Botzmann 常數 K=1.38 × 10^{-23} Joules/T_0，T 為 kelvin Temp in K°，T = 273 + room T，B 為雜訊頻寬，Hz。

TNEP = KTB(dBm)= $10\log(1.38 \times 10^{-23}) \times (273 + 27) + 10\log B = -203$ dBW $+ 10 \log B$(Hz) $= -173$ dBm $+ 10 \log B$(Hz)。由公式可知 KTB 大小隨 B(Hz) 而變大變小，B 為雜訊頻寬視各個電子產品不同而不同，B 愈小熱雜訊愈低，B 愈大熱雜訊愈高。

工程應用： 工程上所稱熱雜訊即所謂靈敏度信雜比(S/N)，當 $S = N$ 表示該電子裝備接收信號靈敏度大小(sensitivity)。因此當 N(TENP)愈小，雜訊背景愈低，愈能收到微弱的信號，表示該電子裝備性能愈好，反之愈差。當 $B = 1$Hz，N(TENP) $= -173$dBm 作為理想參考值，B 愈大，N(TENP) 愈大，該電子裝備系統性能愈差，列表供參用如下。

B (Hz)	N (TENP)，dBm
1	-173
10	-163
100	-153
1000	-143
10^6(1M)	-113
10^7(10M)	-103
10^8(100M)	-93
10^9(1000M)	-83

Q8: 動態雜訊比($N.F.$)含義如何應用在電子工程領域？

A: 動態雜訊比(Noise Figure)係指電子裝置的信號輸入信雜比對信號輸出信雜比之間比值，簡單圖示如下。

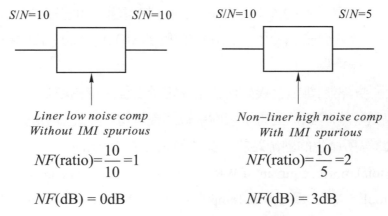

S/N=10 S/N=10 S/N=10 S/N=5

Liner low noise comp
Without IMI spurious

$NF(\text{ratio}) = \dfrac{10}{10} = 1$

$NF(\text{dB}) = 0\text{dB}$

Non−liner high noise comp
With IMI spurious

$NF(\text{ratio}) = \dfrac{10}{5} = 2$

$NF(\text{dB}) = 3\text{dB}$

工程應用： 各類電子裝置資料均註有 Noise Figure (dB)規格，將此項動態 NF(dB)

規格加上靜態 Heat Noise (dB)規格，如 NF(dB) = 3dB，Heat Noise(dB)

= −90dBm，在實務實用上該電子裝置的雜訊背景為 3 + (−90) = −87

dBm，如該電子裝置需在 $\frac{S}{N}$ = 30 條件下工作 $S - N = 30$，設 $N = -87$，

$S = -57$，信號需大於−57dBm 以上，才能正常工作。

Q9: 試說明駐波比(SWR)、回授損益($R.L.$)、功率傳送($PWR\ T_x$)、功率反射(PWR

Ref)、阻抗不匹配損益($M.L.$)、反射係數($R.C.$)之間關係？

A: 反射係數由兩個不同阻抗相結合時，因阻抗不匹配會產生反射作用，而

反射量的大小是以反射係數示之[$R.C. = |(R_1 - R_2)/(R_1 + R_2)|$]，其他

SWR、$R.L$、$PWR\ T_x$、$PWR\ Ref$、$M.L.$與 $R.C.$關係可以簡單算式示之。

- $SWR = \dfrac{1+R.C.}{1-R.C.}$　　$(RC. \leq 1.0)$

- $R.C. = \dfrac{SWR-1}{SWR+1}$　　$(SWR \geq 1.0)$

- $R.L.$(dB) = 20log$R.C.$

- $PWR\ Ref = (R.C.)^2$

- $PWR\ T_x = 1 - (R.C.)^2$

- $M.L.$(dB) = 10log[$1 - (R.C.)^2$]

工程應用： 在電子裝備系統中力求自電路板、模組、裝置、裝備、至分系統、系

統各介面、阻抗能匹配一致才不致引起反射，勿因看似反射量很小，

但介面繁多，反射量會有累積效應，甚至因共振產生高強度雜訊干擾

問題，因此需要做好阻抗匹配工作，使工作信號發收順暢無阻，不受

干擾問題影響而失效。

範例

$R_1 = 50, R_2 = 75$

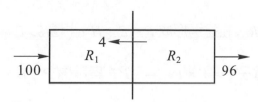

1. $R.C. = \left|\dfrac{50+75}{50-75}\right| = 0.2$

2. $SWR = \dfrac{1+R.C.}{1-R.C.} = \dfrac{1+0.2}{1-0.2} = 1.5 \geq 1.0$

3. $R.C. = \dfrac{SWR-1}{SWR+1} = \dfrac{1.5-1}{1.5+1} = 0.2 \leq 1.0$

4. $R.L(\text{dB}) = 20 \log (R.C.) = 20 \log (0.2) = -14\text{dB}$
   $\text{Anti} = \log 10^{\frac{-14}{20}} = 0.2$

5. $PWR\ Ref = (R.C.)^2 = (0.2)^2 = 0.04$

6. $PWR\ T_x = 1 - (R.C.)^2 = 1 - 0.04 = 0.96$

7. $M.L.(\text{dB}) = 10 \log [1 - (R.C.)^2] = 10 \log [1 - (0.2)^2] = -0.17\text{dB}$
   $\text{Anti}\ \log 10^{\frac{-0.17}{10}} = 0.96$

Q10: 電子(*EE*)與電磁(*EM*)相互轉換關係為何？

A: 以最簡單電子與電磁計算公式可瞭解其間關係，常見電子 $P = \dfrac{V^2}{R} = I^2R$，電磁 $P = \dfrac{E^2}{Z} = H^2Z$，比較兩式電子電壓相當電磁電場，電子電流相當電磁磁場，如以 P 表示功率，電子 $P = V \times I \times \cos\theta$，電磁 $P = E \times H \times \sin\theta$。$\cos\theta$ 為電子 P 的功率因素，$\sin\theta$ 為電磁 P 的功率因素。當 $\cos\theta = \cos 0° = 1$，表示電子電壓電流同相位，功率(watt)有最大值，當 $\sin\theta = \sin 90° = 1$，表示電磁電場磁場相位相互垂直，功率(watt/m²)有最大值。另從電子元件也可以瞭解電子電磁之間關係，如電容經外加電壓電流充電，可在電容兩板間量測到電場大小。如電感外加電壓，電流流經電感週邊會產生磁場效應，如將電容電感串聯或並聯形成電子電路共振電路，其能量經天線發射或接收，在近場形成 $P = \dfrac{E^2}{Z} = H^2Z$ ($Z = 120\pi = 377$ 歐姆)，相當於 $P = \dfrac{V^2}{R} = I^2R$，在遠場形成 $P = E \times H$，相當於 $P = V \times I$。

工程應用：比較電子 $P = V \times I = \dfrac{V^2}{R} = I^2R$ 與電磁 $P = E \times H = \dfrac{E^2}{Z} = H^2Z$，兩者就能量轉換不減定律是相同的，不同處在能量單位各不相同，電子方面為

一度空間，表達 V、I、P 的關係，V(volt)、I(Amp)、P(watt)。電磁方面為二度空間表達 E、H、P 的關係 E(V/m)、H(A/m)、P(W/m^2)，在阻抗方面 R 為電路中的電阻值，Z 為空氣的阻抗值($Z = 120\pi = 377\Omega$)，R 為變數，Z 為定數，基此天線可用以轉換電子功率(watt)為電磁功率密度(watt/m^2)，也可以將電磁功率密度(watt/m^2)轉換為電子功率(watt)。

Q11: 常用電磁單位如何運算轉換？

A: 常用電磁場工作領域量化單位有四種，電場(E)、磁場(H)、輻射功率密度(P)、磁場密度(B)，工程應用上又分常數(Numerical)與分貝(dB)量化。

先就常數轉換計算方式舉例如下：

$$Z = 120\pi = 377\Omega$$

$$Z = \frac{E}{H}$$

$$P - E \times H = \frac{E^2}{Z} = H^2 Z$$

$$E = 60\text{V/m}$$

$$H = \frac{E}{Z} = \frac{60}{377} = 0.16\text{A/m}$$

$$P = E \times H = 60 \times 0.16 = 9.6\text{W/m}^2 = 0.96\text{mW/cm}^2$$

再就分貝(dB)轉換計算方式舉例如下：

$$Z = 120\pi = 377\Omega$$

$$Z = \frac{E}{H}$$

$$E = Z \times H$$

$$\text{V/m} = 377 \times \text{A/m}$$

$$\text{dBV/m} = 20\log 377 + \text{dBA/m}$$

$$\text{dBV/m} = 51.5\text{dB} + \text{dBA/m}$$

$$\text{dBA/m} = \text{dBV/m} - 51.5\text{dB}$$

$$B - \mu \times H = 4 \times 10^{-7} \times H$$

$$T = 20\log (4 \times 10^{-7}) \times H$$

- $\mathrm{dB}T = -118 + \mathrm{dBA/m}$
- $1T = 10^7\mathrm{mg} = 10^4\mathrm{g}$

  $\mathrm{dB}T = -118 + \mathrm{dBA/m} = -118 + 20\log 0.16 = -118 + (-16) = -134$

  $B = 10^{\frac{-134}{20}} = 2 \times 10^{-7}T$

  $B = 2\mathrm{mg}\ (1T = 10^7\mathrm{mg})$

工程應用：E、H、P、B 為電磁場工作領域中常見的四種不同單位，其間各個單位均可表達電磁能量大小，如公式所示工程人員需知相互間單位大小互換關係，也就是說只要已知其中任何一項單位，要會運算轉換為其他另三項單位，以便工程上實務應用之需。

增附　如何將 Neper 轉換為 dB 單位？

A:　Neper 是以 e 為底的自然對數(ln)，dB 是以 10 為底的一般對數(log)，兩者均來自電流流經導線，因衰減的比值觀念，設 $\dfrac{I_1}{I_2} = e^{-\alpha x}$，$\alpha$ 為導線衰減常數，x 為電流流經導線距離，$N(\text{Nepers}) - \ln \dfrac{I_1}{I_2} = \alpha x$，$DB = -20\log \dfrac{I_1}{I_2}$

$\dfrac{I_1}{I_2} = e^{-N} = 10^{\frac{D}{20}}$，$D = 20N\log 10^e = 20N \times \log_{10} 2.7 = N \times 8.686$

1 Neper = 8.686 decibels

工程應用：高頻電路阻抗匹配常需將 dB 單位轉換為 Np (Nepers)代入阻抗匹配中所需 Q 值運算，算出電感或電容導納值(Inductor/Capacitor susceptance)作為阻抗匹配選用參數依據。

Q12:　標示量測信號強度大小有幾種及其在工程應用領域意義為何？

A:　如表列信號強度大小比較表

Amplitude / Unit	Peak	Quasi-peak	R.M.S half *PWR*	Average
ratio	1	0.8	0.7 0.5	0.6
dB	0	−2	−3	−4
use	Instant detection *MIL EMI*	Civil *EMI*	*MIL*，Civil	*PWR*

工程應用：peak：用於對信號波形在時域變化中檢測其最大值。

Quasi-peak：用於檢測商用(民用)電子產品限制值訂定規範位準。

R.M.S. half PWR：用於檢測信號波形在時域變化中半有效值(0.7)或半功率(0.5)信號強度大小。

Average：用於檢測波形在時域變化中積分功率面積大小，相當於平均值(0.6)乘以時域時間長短面積大小。

Q13: 簡述有效輻射功率穩定度範圍？

A: 衛星天線有效輻射功率穩定度(ERP)，需控制在一定規範範圍之內稱之穩定度，以衛星天線連同發射機所組成的輻射系統輻射功率穩定度定在 ±0.5dB，表示如以 100W 為輻射功率大小，其輻射功率高低範圍應控制在 89W 至 112W 之間。

$(+ 0.5\text{dB} -10\log 10^{\frac{0.5}{10}} = 10\log 1.12，- 0.5\text{dB} =10\log 10^{\frac{-0.5}{10}} = 0.89)$。

工程應用：穩定度如為±0dB，輻射功率大小為一大小不變常數，±xxdB 越大，輻射功率高低範圍變化越大，±xxdB 越小，輻射功率高低範圍變化越小，表列參數變化供參閱。

Stability of ERP

dB	High Level	Low level
+ 0.01 − 0.01	102.3	97.7
+ 0.02 − 0.02	104.7	95.4
+ 0.03 − 0.04	102.1	93.3
+ 0.04 − 0.04	109.6	91.2
+ 0.05 − 0.05	112.2	89.1
100 as a reference		

Q14: 簡述雜訊溫度與雜訊信雜比之間關係？

A: 雜訊溫度(Noise Temp)與雜信雜比(Noise figure)之間關係可以公式

$$T_e = T_0 \left[Anti \log \left(\frac{N.F.}{10} \right) - 1 \right] 示之$$

$N.F.$：noise figure (dB)

T_e：effective noise temp in °K

T_0：290°K(273° + 27°)

設電子裝備在不同使用環境中如 $T = 60℃$，$T = 25℃$，$T = 10℃$，$T = 0℃$，

$T = -10℃$代入 $T_e = T_0 \left[Anti \log \left(\frac{N.F.}{10} \right) - 1 \right]$公式

$T_e = T_0 + T$，$T_0 = 290°K$，$T = $ room temp

$x = Anti \log \left(\frac{NF}{10} \right)$

$T_e = T_0 + T$	*350 ($T = 60$)	315 ($T = 25$)	300 ($T = 10$)	290 ($T = 0$)	280 ($T = -10$)
NF	*3.43	3.18	3.08	3.01	2.93

* $T_e = T_0 + T = 290 + 60 = 350(T = 60)$

$350 = 290(x - 1) \quad x = Anti \log \frac{NF(\text{dB})}{10}$

$x = 2.206 = Anti \log \frac{NF(\text{dB})}{10}$

$\log 2.206 = \log Anti \log \frac{NF(\text{dB})}{10} = \frac{NF(\text{dB})}{10}$

$0.343 = \frac{NF(\text{dB})}{10} \Rightarrow NF(\text{dB}) = 3.43$

工程應用：由表列數據顯示電子裝備在不同使用環境中，如溫度越高，熱雜訊能量越大，造成電子裝備雜訊信雜比(Noise Figure)亦越大，也就是影響電子裝備輸入對輸出信雜比$[(S/N)_{I/P}$ to $(S/N)_{O/P}]$，會使原$(S/N)_{I/P}$ 在$(S/N)_{O/P}$變差。如原有$(S/N)_{O/P} = 10$，因雜訊溫度影響使原有$(S/N)_{I/P} = 10$變差為$(S/N)_{O/P} = 5$，按 Noise Figure 定義$(NF)_{ratio} = \frac{10}{5} = 2$，$(NF)_{dB} = 10$

$\log 2 = 3dB$。

一般電子裝備 Noise Figure (dB)大小如表列資料供參閱。

Type	NF(dB)	Remark
HF RCV	very low	
Radar RCV	< 10	
TWT Amp	2～3	
parametric Amp	1.0～1.1	cooling system
Maser Amp	1.0～1.1	cooling system

*除非另備冷卻降溫設施，一般低功率電子裝備熱雜訊較低，

NF(dB)亦較小，高功率電子裝備熱雜訊較高，NF(dB)亦較大。

Q15: 簡述天線構型發射與接收原理？

A: 天線工作原理緣自輸送線，而輸送線終端分兩種模式，一為開路形成棒狀共振，一為閉路形成環狀共振，開路式棒狀共振為電壓源串聯共振，閉路式環狀為電流源並聯共振。輸送線長度與頻率波長關係線為 $l = \dfrac{\lambda}{4}$ 時，$l = 75$cm、$\lambda = 300$cm，共振頻率為 $f = 100$MHz，餘類推如圖示。

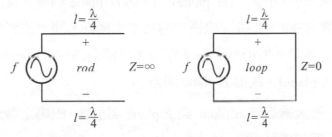

工程應用：衛星天線由饋送喇叭關線與反射面組成如圖示

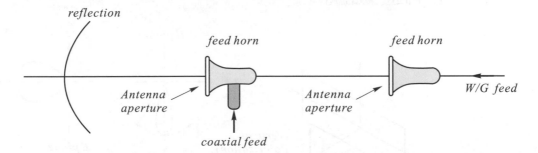

不論 coaxial feed 或 W/G feed，由天線終端面徑(Antenna Aperature)視之皆為開口模式，故屬電源串聯共振模式，再觀察反射面用於反射來自饋送喇叭天線所輻射的場強或直接反射來自信號源的場強送至接

收喇叭，以此與輸送線共振模式比較形同電流流至終端，因終端為開路，使電流回流至信號源，這樣來回電流去而復返形成共振效應。衛星反射面對場強反射作用形同電路中輸送線終端呈開路模式工作原理一樣，對衛星天線做為發射時，饋送喇叭為第一輻射源，反射面為第二輻射源。對衛星天線做為接收時，反射面為第一輻射源，喇叭天線則成第二接收源。

Q16: 天線場型如何分辨 E plane 與 H plane 場型？

A: 電磁波來自具有極向的特點，而極向(性)是以電場方向為準，分水平、垂直、圓形右旋、圓形左旋四種。如以垂直極向為準，天線場型由上視圖觀察所呈現的場型圖是位落在水平面上，既然垂直與水平互成 90°，垂直方向代表 E 場，水平方向代表 H plane，所以以垂直極向(電場呈垂直方向)為準，天線在水平方向面上旋轉 360°所量測的場型，是落在與垂直極向互成 90°的水平面上(H plane)，故稱 H plane 場型。反之，將原垂直極向天線轉向 90°，此時天線極向轉為水平極向，同上法將天線在水平方向旋轉 360°所量測的場型，是落在與水平極向(H polarization)互成 90°的垂直面上(E plane)，故稱 E plane 場型。

工程應用： 一般天線均附 H plane 與 E plane 場型圖，由場型圖分布圖形可瞭解此天線功能及用途。

　　　　1. 平面搜索如圖示

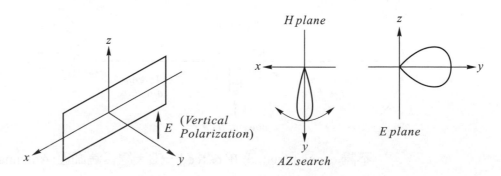

2. 測高搜索如圖示

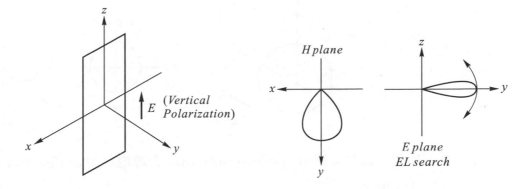

3. 追蹤搜索

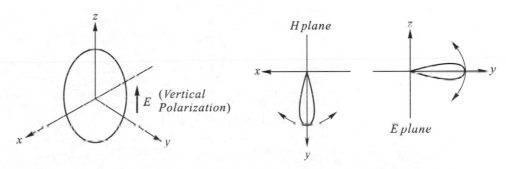

4. 雙偶極棒狀如圖示(dipole)

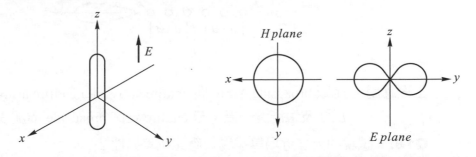

5. 環狀如圖示(loop)

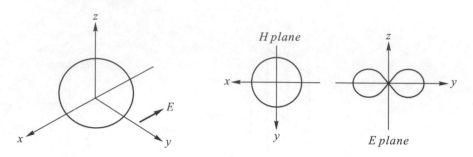

Q17: 所見相陣列天線中為何 broadside Array 天線增益比 endfire Away 天線增益大 3dB？

A: 由圖示 broadside Array

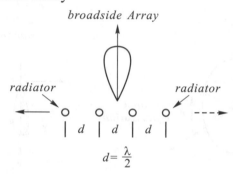

由圖示 endfire Array

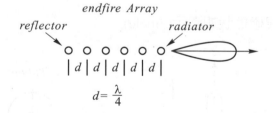

工程應用：比較 broadside Array 與 endfire array。因 endfire array 中有 reflector 可加強波束能量一倍，故 endfire 要比 broadside 增加 3dB。

Q18: 試說明天線近場與遠場效應比較差異性？

A: 近遠場依輻射源波阻抗與空氣阻抗比值而來，而波阻抗又視輻射源特性不同而不同，如為開路式電壓源波阻抗在近場為高阻抗(大於空氣阻抗)，如為閉路式電流源在近場為低阻抗(小於空氣阻抗)，在近場因波阻抗與空氣阻抗不等，因阻抗不匹配而無法輻射稱之非輻射區。在遠場因波阻抗

與空氣阻抗相等因此可以輻射稱之為輻射區。在近場雖無法輻射，但電磁輻射能量仍存在呈靜態模式。在遠場雖可以輻射，但受空氣衰減影響，隨電磁波行進距離而逐漸減弱。按近遠場臨界距離(d)定義輻射源 $d < \frac{\lambda}{2\pi} = \frac{\lambda}{6}$ 為近場，$d > \frac{\lambda}{2\pi} = \frac{\lambda}{6}$ 為遠場。接收源面徑大小為 D 時，$d < \frac{2D^2}{\lambda}$ 為近場，$d > \frac{2D^2}{\lambda}$ 為遠場。當同時考量輻射源與接收源近或遠場效應工作需求時，比較 $d = \frac{\lambda}{6}$ 與 $d = \frac{2D^2}{\lambda}$ 兩項大小，如需研析近場，取其中兩項較小值，如需研析遠場，取其中兩項較大值。

工程應用：如衛星天線圖示發射與接收模式

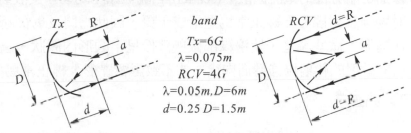

對發射模式 T_x 而言，喇叭大線做為輻射源，按 $d > \frac{\lambda}{6}$ 公式 $d = 1.5\text{m} > \frac{\lambda}{6} = 0.0125\text{m}$，喇叭天線至反射面為遠場效應。

對接收模式 RCV 而言，在軌衛星為輻射源，反射面為接收源，按 $d > \frac{2D^2}{\lambda}$ 公式 $d = R = 36000\text{km} > \frac{2 \times 6^2}{0.05} = 1440\text{m}$，衛星至地面為遠場效應。

Q19: 在近場與遠場的天線場型有何不同？

A: 天線場型均在遠場檢測，遠場的定義在選用 $d > \frac{\lambda}{2\pi}$ 與 $d > \frac{2D^2}{\lambda}$ 兩者間較大值，$d > \frac{\lambda}{2\pi}$ 是以輻射源本身為準，$d > \frac{2D^2}{\lambda}$ 是以接收源本身為準，在近場天線場型尚未成型，因位於非輻射區天線無法輻射，增益比正常規格所示規格小很多，甚至呈現負值。在遠場天線場型已成型，因位於輻射區天線可以輻射，增益按規格所示增益值。

工程應用：一般天線場型與增益密切相關，型錄規格所示皆指天線係在遠場環境中執行量測資料，如將天線移至近場中量測($d < \frac{\lambda}{2\pi}$ 與 $d < \frac{2D^2}{\lambda}$ 兩者間選較小值為準)，非但無法到天線增益值，且場型亦呈現完全不規則形狀，因此在近場中量測天線場型與增益是毫無意義的。在近場中只能量測到靜電場靜磁場，而且對靜電場，靜磁場量測是需要一種專用靜電場、靜磁場感應器(E，H field sensor)，而非一般天線可行。

Q20: 常見為何大中小型碟形衛星天線反射面邊緣處呈半圓形內灣狀(bending)？

A: 理論上在反射面上的電流分布是依饋送喇叭的場型而定，但在反射面邊緣部份所分佈的電流因散射(scattering)關係頗不均勻，又散射所形成的輻射場強會對碟形天線正常場型造成干擾，因此需將反射面週邊邊緣部份在構形上做些調整，使邊緣部做些部份呈半圓形內灣狀，這樣可以讓原向前散射的輻射場強轉而向後，才不致影響碟形天線正常場型。

工程應用：如圖示

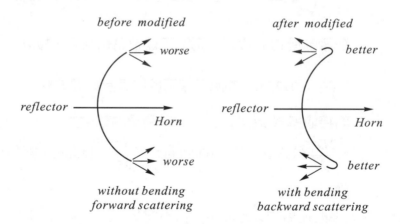

Q21: 地面接收站機櫃接地線應選用圓形或扁形？哪一種較好？

A: 一般圓形導線用於接地，多屬單一型電子裝置，如電視、冰箱地線所能疏導的雜訊頻寬較窄，但用於機櫃因機櫃內所含電子裝置自低頻電源、中頻檢波、高頻射頻均有，所需疏導的雜訊屬於較寬雜訊，故需選用可疏導寬頻帶雜訊的扁形線帶，而非僅可疏導窄頻帶雜訊的圓形導線。

工程應用： 圓形導線疏導雜訊頻寬與導線直徑大小有關，越細頻寬越窄，越粗頻寬越寬，扁平形導線長寬比約 5：1 是從圓形導線變形而來，也就是利用加大圓形導線線徑的觀念以擴大疏導雜訊頻寬，以此用於機櫃上所需疏導的寬頻雜訊。

Q22: 電子裝備系統接地與結合之間(grounding / bonding)關係為何？

A: 接地界分單點與多點接地，一般較低頻採用單點接地，較高頻採用多點接地。接地模式不外點、線、面，不論哪種模式其接觸點、線、面、與地的點、線、面之間的介面結合阻抗必需做到愈低愈好。這樣既使有雜訊電流存在，所產生的雜訊電壓也很低($V = IZ$，$Z \to 0$，$V \to 0$)。

工程應用： 一般所見 bonding Resistance $\leq$ 2.5 mΩ，此項規格緣自美空軍軍規 5087，也就是接地點、線、面、介面結合阻抗需小於 2.5 mΩ，其介間所產生的雜訊電壓至低才不致造成干擾問題，如雜訊頻率甚高 (GHz)，波長至短與點、線、面呈 $\dfrac{\lambda}{4}$ 相對應關係時，則需注意其介面高阻抗所引起的共振效應干擾問題。

Q23: 衛星通訊中所使用的各式電纜線與接頭，為何需要有防制混附波的功能？

A: 先就混附波的由來瞭解，混附波是由多個主波中所含不同諧波組合而成，理論上混附波的頻寬可由 0Hz 至無窮大，實務上需注意混附波在較低頻的混附波，信號較強較易造成干擾問題，反之在較高頻的混附波信號，因空氣衰減較大、較弱較不易造成干擾問題，通常可以忽略不計。

工程應用： 較寬頻的高功率放大器(T.W.T.A)均承載多個載波，各載波所含諧波不同形成混附波效應，此項混附波如經過優質線性材料製造的電纜線或接頭，其再衍生出的混附波雜訊頻寬較窄。如經過劣質非線性材料製造的電纜線或接頭，其再衍生的混附波雜訊頻寬較寬，為避免此項混附波寬頻干擾，需選用優質線性材料所製造的電纜線與接頭。

Q24: 如何正確選用針對不同信號特性時的不同傳輸線，如纜線或光纖？

A: 纜線由易導電的一正一負銅線組成，其間以非導體的聚乙烯(P.E.)隔離套管製成互絞型導線(twisted pairs)，這種導線只能使用在低頻，在高頻時會感應其他週邊交連訊號與感應外來雜訊，一般僅用在類比信號 $f <$ 100kHz、數位 10Mb/s、短距離約 100 公尺信號傳送。如對更高頻率則需改用同軸電纜，其結構複雜隔離度極高，可用頻率可高達類比數百 MHz、數位 1 Gbit/s，如頻率再高達微波及有高功率需求，則可改用導波管方式傳送信號。在光纖未使用前，對長距離訊號傳送均使用微波或低損益的電纜線。

光纖為替代電纜線傳送信號是另一種方法，其基本工作原理是將電信號變為光信號，使其在高透明度玻璃纖維中，利用材質不同折射率，使光能在光纖中藉全反射而直行，光纖信號傳送最大優點在消除信號交連與干擾問題，但也受傳送距離信號衰減影響，所以慎選光纖工作波長成為一項重要電性參數需求，一般多選用光波長在 0.8～0.9μm 之間有最大光能傳送量。

工程應用： 光纖具有低損益、寬頻、不受干擾、細小輕便、價位低等優點，有取代同軸電纜線趨勢，但也有信號衰減在長距離 15 公里會減半的困擾，所以常見以強化器(Repeater)持續將信號放大的作法加以補償，另外頻寬也會受光信號傳送中受材質(SiO_2)影響擴散而減縮原有頻寬，另維修保養方面因光纖細小不如電纜線維修簡易，但電纜線也有一項優勢，電纜線的高功率負荷量要比光纖低功率負荷量高很多。

Q25: 為何採用光纖通訊不受電磁干擾？

A: 光纖工作頻率約在 10^{13} 至 10^{16}，比一般射頻 10^0 至 10^9，以 10^9 為例高四至七倍，兩者頻率耦合差高達數十分貝(dB)，光纖信號傳送是在非導體高純度玻璃纖維(SiO_2 glass)中行進，與射頻電纜線的導體性質完全不同，光纖基本上無法感應電磁波輻射的能量，尤其對雷擊與高能場強具有高度免疫性，而且光纖為單線傳送信號，不像電纜線工作需成迴路而形成電磁感應效應，這也是光纖可免受電磁干擾的原因。

工程應用： 衛星信號尤其接收來自衛星的信號經空氣衰減達 200dB，對所收到的衛星信號已十分微弱，為避免週邊環境可能存在的干擾源干擾，雖然電纜線已具有一定的隔離度可供選用，但就隔離度這一項功能，光纖隔離度遠比電纜線隔離度為佳，如以防制電磁干擾功能而言，當以優先選用光纖為最佳方案。

Q26: 地面工作站電源系統為何常見大型濾波電容？

A: 為避免站內機櫃電子裝備受到供電系統雜訊干擾，需要裝置專供濾除電源雜訊的電源雜訊濾波器，而依據濾除雜訊頻率工作起始點公式 $f_c = 1/\pi RC$，設電源阻抗與負載阻抗相同時，如裝置 $C = 100\mu F$ 電容濾波雜訊工作，起始點在 $f_c = 66Hz$，$C = 10\mu F$，$f_c = 660Hz$，$C = 1\mu F$，$f_c = 6660Hz$，為求濾波雜訊功能可濾除常用 $f = 60Hz$ 電源系統以上所含所有頻率的雜訊，以選用 $C = 100\mu F$ 的大型電容為最佳選項。

工程應用： 工作站位於地面建物室內，空間足夠安裝大型 $100\mu F$ 電容，此項 $100\mu F$ 大型電容常見安裝在外電供應室內配電盤附近，所稱大型 $100\mu F$ 電容可濾除 $f_c - 66Hz$ 以上的頻率雜訊，係指電源阻抗與負載阻抗相同時條件下的理論值，而在實務中電源阻抗是不等於負載阻抗，因此按理論值可濾除 $f_c = 66Hz$ 以上的高頻雜訊是不可能的，雖按理論值亦可依公式算出當電源阻抗不等於負載阻抗情況下的濾除雜訊功能效益，此項數值僅供參考，實務上以實測數值為準。

Q27: 工作站機櫃接地線長短會影響雜訊頻寬落地效益嗎？

A: 除了圓形導線適用於窄頻雜訊，扁平線適用於寬頻雜訊，導線長短也會影響雜訊頻寬落地效益，一般較短導線適用於較高窄頻雜訊落地，較長導線適用於較高、中頻雜訊落地，更長的導線則適用於高、中、低頻雜訊落地。由此顯見短線適用窄頻雜訊，長線適用寬頻雜訊。

工程應用： 雖然短線適用於窄頻雜訊，長線適用於寬頻雜訊，但短線阻抗低，長線阻抗高，為平衡此項優劣點，首應選用良導體的導線以降低本身阻抗，再就實際需求進一步瞭解雜訊由低至高頻寬範圍，依據輸送線原理選用適當長度的接地線。

Q28: 如何做到在軌衛星減重小型化？

A: 減重小型化需先從小型化做起，由於不同介質常數(ε)的應用，以光速(電磁波)在空氣中的速度最快($\varepsilon = 1$，$V_0 = 3 \times 10^8$ m/s)，而在其他材質的介質常數都大於 $1(\varepsilon > 1)$，依 $V_\varepsilon = \dfrac{V_0}{\sqrt{\varepsilon}}$ 公式，光速(電磁波)因 $\varepsilon > 1$ 而降速，而 $\lambda_\varepsilon = \dfrac{V_\varepsilon}{f} = \dfrac{V_0 / \sqrt{\varepsilon}}{f}$ 亦隨之變短，在工程應用時，即利用信號在大於 1 的介質常數中行進中，波長會變短的特性，來達成小型化，同時又可做到減重的工作目的。

工程應用： 應用不同介質常數 ε 小型化比例比較觀念如下表列

材質介質常數(ε)	1	4	9	16	25
小型化比值	1	$\dfrac{1}{2}$	$\dfrac{1}{3}$	$\dfrac{1}{4}$	$\dfrac{1}{5}$

Q29: 地面工作站為何需設在靜區(Radio quiet zone)？

A: 地面站接收遠方在軌衛星微弱信號，但藉由龐大碟形高增益天線將接收到微弱信號放大，並經系統內高效能功率放大器將信號放大，仍可達到可接受工作信號強度運作範圍。然而如在環境週邊附近存在干擾源，因距離過近既使不經主波來耦合至碟形天線，也會從旁波來耦合至碟形天線造成干擾問題。

工程應用： 為避免接收碟形天線受到週邊可能存在其他干擾源干擾，應將地面工作站天線儘可能安裝在高地或無線電靜區，一般大型碟形天線安裝選址均需先行量測待裝設位置週邊環境場強，需低於一定位準以下，以作為選址依據。

Q30: 列出一些在軌通信衛星物性電性重要參數？

A: 1. 高度：距地 36000km(22300 miles)。

2. 特性：與地球同步自轉，波束照射地表面預設範圍。

3. 波束：3dB 約 17°，約含蓋地球表面 1/3 面積。

4. 位置：距赤道地球上方位置 36000km 高度，三個通訊衛星如分佈選在東經 176°，東經 61°，西經 30°，可含蓋全球，但受 3dB、17°限制北緯> 70°，南緯> 70°。接近北極、南極地區排除在外。

5. 衛星繞地球自轉時間：衛星距地 36000km，配合地球一天自轉 24hrs。

    h：衛星距地球高度 36000km。

    R：地球半徑，6370km。

    μ：地球重力速度 3.99×10^5 km^3/s。

    代入 $T = 2\pi \times \sqrt{\dfrac{(R+h)^3}{\mu}} = 86672\text{s} = 24.0755\text{hrs}$。

6. 衛星繞地球速度：衛星距地 36000km，繞地球一天需時 24.0755hrs。
    繞行速度約在 9.19 馬赫。

    公式　$V = \dfrac{2\pi R}{T} = \dfrac{2\pi(r+h)}{T}$

    　　　r：地球半徑 6370km

    　　　h：衛星高度 36000km

    　　　T：24.0755hrs

    　　　$V = \dfrac{2\pi \times (6370 + 36000)}{24.0755} = 11052\text{km/hr} = 3070\text{m/s} = 9.19$ 馬赫。

    (1 馬赫 － 334m/s)

7. 繞行地球一圈時間：約 80～90 分鐘(低軌道)

    　　　G：萬有引力 6.67×10^{-11}NTm^2/kg^2

    　　　M：地球質量 5.97×10^{24}kg

    　　　a：地球半徑 6370km

    　　　T：繞行週期 80～90 分鐘

    　　　$T^2 = \dfrac{4\pi^2 \times a^3}{G \times M} = \dfrac{4 \times 3.14^2 \times (6370 \times 1000)^3}{6.67 \times 10^{-11} \times 5.97 \times 10^{24}} = 25589010\text{s}$

    　　　$T = 5058\text{s} = 84.3$ 分鐘

8. 衛星高度：

    　　　T：地球自轉一天約 24 小時 = 86,400 秒

    　　　a：衛星軌道長 ＝ 地球半徑 ＋ 衛星高度

    　　　　　　　＝ 6370km + 36000km = 42370km

    　　　M：重力常數 = 3.99×10^5 km^3/s^2

    　　　由 $h = 36000$km 代入公式

    　　　$T = 2\pi\sqrt{\dfrac{a^3}{\mu}} = 2\pi\sqrt{\dfrac{(R+h)^3}{\mu}} = 2\pi \times \sqrt{\dfrac{(6370+36000)^3}{3.99 \times 10^5}}$

    　　　　＝ 86500s = 24.027hrs

工程應用： 通信衛星特色在同步，為和地面某點或某地區域保持通聯，本身需要與地球同步自轉，其波束需照射地面預設地區範圍，所涉一些重要物性與電性參數參閱本題 Q/A 說明內容。

Q31: 地面工作衛星追蹤系統調校方式為何？

A: 一般分三類。1.自動追蹤(Auto)、2.步階追蹤(Step)、3.多組喇叭天線追蹤(Multi-horn)。第 1 種由衛星發射 becon 信號至地面站。第 2 種由衛星發射本身所在位置軌道信號至地面站。第三種藉由比較接收信號強度大小與相位差異調校追蹤。另一種是藉由調校比較接收信號在導波管內主波(dominant mode)與高次階波(higher order mode)來觀察調校衛星與地面站是否對準(line of sight)。如僅有主波表示已處於對準模式，如除主波另有高次階波表示處於尚未對準而有偏差模式。

工程應用： Auto tracking 屬自動化連續追蹤，由比較 becon 信號大小與偏差角度關係來調校方向是否對準。step tracking 屬粗調性質，需經多次軌道位置方位資料逐步調校至對準方向。Multi-horn tracking 屬獨立調校系統需將調校資料與地面站驅動(servo)系統配合達成對準工作需求。Dominant + higher order tracking 需要具有解析 Dominant 與 higher order 的導波管系統。至於追蹤系統精密度需求規格以 C band 凱氏天線(casegrain Antenna)為例，追蹤角度規格需在 $\theta \leq 0.1°$左右。

Q32: 試說明地面工作站功能分類？

A: 一般分輕度單一(thin route)、中度單一(medium route)、重度多個(heavy route)。

輕度單一係指單一頻道連續波 SCPC(single carrier per channel)轉換器(transpouder)，頻寬 36MHz 內含一系列單一音頻載波。中度單一係指基頻信號中內含多工劃頻(FDMA)或多工劃時(TDMA)。重度多個係指可承載 960 個音頻訊號或電視視訊信號。

工程應用： 由地面工作站天線大小可略知其屬性，輕度單一天線大小在 3.6m～30m(12ft～90ft)。中度單一天線大小如係主站在 30m(89ft)，如係移動

站在 10m(33ft)。重度多個天線大小 30m(90ft)重達 250 噸，附有加熱能量 40W/ft² 可防範惡劣氣象冰、雪、雹影響。

Q33: 哪一項重要參數用於分類地面工作站電性功能特性？

A: 能承載多少頻道容量數，常用於分類地面站工作能量大小的指標。一般分低能量、中能量、高能量三種(thin / medium / heavy)。

1. 低能量係指每一載頻佔一頻道[SCDC(single carrier per channel)]，天線大小視頻道數多少，小自直徑 3.6m，大至直徑 10m。

2. 中能量係指為提升承載較多頻道數，故採分頻多工(FDMA)或分時多工(TDMA)方式，以增加承載頻道數，固定地面站天線大小約 30m，移動式地面站天線大小約 10m。

3. 高能量係指每一頻道可承載多達 960 個音頻頻道或彩電電視頻道，天線大小至少 30m 以上。

工程應用： 除以電性規格承載頻道容量多少，來區分低、中、高三個位階能量。如就物性規格略可以視天線面徑大小，來觀察界定低、中、高三個位階能量。除此對特大天線如高容量地面站，因天線面徑直徑為 30m，整個天線連同基座重達 250 噸，基座需非常強固且需加強天線面抗風力，因天線面徑大、波束窄，對準在軌衛星調校精度要求小局，整體結構需有防風、防雨、防雪功能。為防雪堆集常具備有加熱器設施，可提供反射面上熱量在 40W/ft²，另在基座水平與垂直(俯仰)驅動機構部位亦需有加熱設施，以防潤滑油劑凍結，無法調校天線方位與俯仰角度。

Q34: 一般畫面品質優劣如何分類？

A: 依畫面清晰度與干擾情況對比可分五個等級。

分級	視覺化面品質狀態	等級
5	無干擾	最佳
4	輕微干擾，可接受	佳
3	可視見干擾，勉強接受	尚可
2	嚴重干擾，不可階受	不佳
1	完全難以接受	最差

工程應用： 畫面品質優劣完全視人機介面與畫面受干擾程度而定，略分五個等
級，以 1 最差，依序 2、3、4 以 5 最佳。

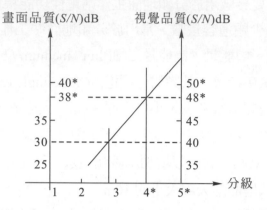

Q35: 進一步說明畫面品質 *IF*(*S/N*)dB 對應 *RF*(*C/N*)dB 關係？

A: 以 *RF*(*C/N*)為 *x* 軸，*IF*(*S/N*)為 *y* 軸，*y* 對 *x* 相對應變化如圖示。

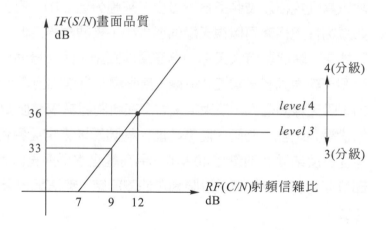

工程應用： 按 level 3 畫面等級列尚可，level 4 畫面等級列佳，由圖示如畫面等級
列尚可為最低要求，射頻信雜比 *RF*(*C/N*)dB 至少需在 12dB 以上，才
能達到畫面品質 *IF*(*S/N*)dB 在 36dB 以上最低要求，相當於射頻信雜
比 12dB(*S/N* ratio = 15.84)，畫面品質信雜比 36dB(*S/N* ratio = 3981)。

Q36: 試分類說明有哪些因素會影響衛星通訊信號？

A:

影響模式	形成緣由	影響對象
衰減，環境雜訊	大氣層雨、雪、雲、雹	頻率 106Hz 以上漸越嚴重
極向偏移	雨、雪	C 與 Ku 頻段雙極向系統
折射，大氣多重反射路徑	大氣水氣分子	低仰角通訊與追蹤
信號弱化	平流層、電離層折射波動	平流層(低仰角，106Hz 以上) 電離層(10GHz 以上)
多重反射，遮蔽	地表環境與週邊建物	移動式衛星系統
傳播延遲	平流層、電離層	精密時域需求系統與分時多工(TDMA)系統
系統間干擾	散射、繞射	C 頻段(雨水在較高頻率造成散射)

工程應用：分類說明衛星信號傳播中，可能受到各項環境因素干擾而造成信號弱化，影響發收信號功能。其中如大氣層、平流層、電離層的影響隨時域、季節、氣象條件、太陽黑子活動等因素而變化不一，此類歸類人為不可控因素，其他人為可改善空間佔多重反射與遮蔽方面。總結慎選工作頻率避免自然不可控因素影響，並加強人為可控防治多重反射與多方遮蔽工作，力求改善衛星通訊信號所受影響減至最低程度。

Q37: 試簡繪地面與衛星上下鏈有關增益與損失功率(Watt，dBW)位準表？

A:

A link operation at 4/6 GHz system

	Items	Gain (dB)	Loss (dB)	Watt	dBW
上鏈 (6GHz)	$I/P + Amp$			$*10^2$	20
	T_x system loss		0		
	Ant Gain	60		10^8	80
	Atompheric Ionospheric		0		
	Earth to satellite path loss		200(198)	10^{-12}	−120
	Satellite Ant Gain	20		10^{-10}	−100
	Satellite Amp(muti stage)	120		10^2	20
下鏈 (4GHz)	Satellite Ant Gain	20		10^4	40
	Satellite to earth path loss		200(195)	10^{-16}	−160
	RCV system loss		0		
	Atompheric Ionospheric		0		
	Earth RCV Ant Gain	50		10^{-11}	−110
	Low noise RCV	40	0	10^{-7}	−70
	Low noise $Amp + O/P$	50		$*10^2$	20

工程應用：以上鏈 6GHz，下鏈 4GHz 為例，上下鏈信號位準大小如上表列數據供參閱，為簡化暫不計發射接收 T_x / RCV system loss 與大氣層、電離層 Atompheric，Ionospheric loss。

空氣衰減對 6GHz 距離 36000km 為 198dB，

空氣衰減對 4GHz 距離 36000km 為 195dB，

198dB 與 195dB 相差不大，暫均以 200dB 計。

Q38： 衛星通訊中為何極向有線性水平垂直與左右旋圓形極向選項之別？

A： 按極向耦合特性，同極向耦合最大，不同極向耦合最小，對線性極向水平對水平、垂直對垂直有最大耦合量，水平對垂直與垂直對水平有最小耦合量。

左旋圓形對左旋有最大耦合量，右旋對右旋圓形有最大耦合量，左右旋相反有最小耦合量，線性水平、垂直對圓形左右旋相互耦合量，因圓形極向中含有水平與垂直分向量，如以線性水平發射，對圓形極向只有圓形極向中水平分向量才能接收，同理垂直發射只有垂直分向量才能接收，因此以圓形極向接收線性水平或垂直對圓形極向本身而言為−3dB 效率，同理以圓形極向發射對線性水平或垂直極向，僅有圓形極向中水平或垂直分向量為線性水平或垂直極向所接收，對圓形極向而言亦為−3dB效率。

工程應用：一般線性水平、垂直多使用在發射接收兩端週邊環境屬空曠無障礙區，以衛星通訊為例，如地面接收站所在位置週邊無大型高樓建物或高山，以線性水平或垂直極向收發為宜。反之如所在位置環境為市區高樓林立，因多重反射影響使原有極向偏向，會造成對接收端接收效益減低現象，為改善此現象改以圓形極向為發射，線性水平或垂直為接收，這樣確保發射不因高樓林立週邊障礙物的影響，可使地面線性水平或垂直均可收到圓形極向的信號，或以線性水平或垂直為發射，圓形為接收亦可接收到水平或垂直極向的信號。

Q39： 簡述天線面徑軸向比(dB)定義與工程應用意義？

A： 一端面向天線面徑，喇叭為發射照射天線反射面，另一端在遠方以喇叭天線為接收，首先發射為水平，接收為水平，記錄接收信號大小，再換

以接收為垂直，記錄接收信號大小，因發射與接收為同極向，接收信號較強，與發射與接收為異極向接收信號較弱，以此比較兩項檢測差值即為軸向比(Antenna exial ratio)。

工程應用：一般天線軸向比(Antenna axial ratio)dB 約需 $\geq$ 30dB，此項規格訂定目的在檢視天線反射面設計與實物製作反射面設計精確度與反射面表面平整度影響極向是否達到規格需求。

Q40: 天線增益如何評估？

A: 衛星天線分兩大類，一種是簡單型單一喇叭天線配置單一拋物線反射面，另一種是地面大型凱氏主反射面配置雙曲面副反射面與喇叭型天線所組成。簡單型多屬小型拋物線反射面天線，其增益按 $G(dB) = 10 \log K \times \frac{4\pi A}{\lambda^2}$ 公式計算，由 $K = 0.5$ 至 0.6，面徑大小 A [$A = \pi \left(\frac{D}{2}\right)^2$，$D =$ 面徑直徑大小]，頻率波長 λ，可略估增益 $G(dB)$ 大小，地面大型凱氏天線結構較為複雜，在主反射面上波束的波束能量分佈由副反射面(雙曲面)反射而來，而副反射面上的波束能量分佈由在主反射面中心位置所安裝的喇叭天線輻射波束能量而來，其 $K = K_1 \times K_2$，K_1 為反射面能量分佈值，如 K_1 為線性均勻等量分佈，$\cos \theta$ 為按 $\cos \theta$ 函數模式分佈(中心部份為 1，邊緣部份為 0)。K_2 為反射面在邊緣溢散部份(spillover)。

兩者比較凱氏反射面 $K(K_1 \times K_2)$ 大於單一反射面 $K(K_1 \times K_2)$，以此 K 值代入 $G(dB)$ 公式 $G(dB) = 10 \log K \times \frac{4\pi A}{\lambda^2}$，可知凱氏天線增益要比簡單型單一反射面增益為大。

工程應用：由於凱氏天線位居地面不受空間限制，依 $G(dB) = 10 \log K \times \frac{4\pi A}{\lambda^2}$

$= 10 \log K \times \frac{4\pi (D/2)^2}{\lambda^2}$ 公式，其中 K 值比簡單型單一反射面為大，再加上天線面徑 D 不受空間限制可視需要設計大一些，這樣可進一步提升大型凱氏天線增益。一般簡單型單一反射面天線增益約在 20dB 至 30dB，複雜型凱氏天線增益約在 40 至 50dB，也有超大型凱氏天線增益大於 50dB。

Q41: 說明材質介質常數應用觀念？

A: 按公式 $\varepsilon = \varepsilon' - j\varepsilon''$。$\varepsilon$ 為容電率，ε' 為介質常數，ε'' 為損失因子，如選材 $\varepsilon'' = 0$，表示此類材質對電子電磁能量通過時不會產生損耗，此時材質的電容率 ε 即等於介質常數 ε' 即 $\varepsilon = \varepsilon'$。如選材 $\varepsilon'' > 0$，表示此類材質對電子電磁能量通過時會產生損耗，ε'' 愈大能量損耗愈大。此時電容率 ε 需視 ε' 大小而定，如 $\varepsilon'' > 0$，對能量有損耗，ε'' 愈大能量損耗愈大，因材質本身損耗能量，會對材質容電率造成減低的影響。

工程應用：一般選用電容率 ε 材質分兩大方向，一為選 ε'' 愈小愈好，如白色蒲立龍(P.E 樹脂材質)。其 $\varepsilon' = 1$，$\varepsilon'' = 0$ 與空氣 $\varepsilon' = 1$ 相匹配可使電磁波通過不受損耗，工程應用如天線護罩，一為選 ε'' 愈大愈好，如黑色吸波體(碳粉材質)，其 $\varepsilon' = 1$，$\varepsilon'' > 0$，與空氣 $\varepsilon' = 1$ 相匹配，可使電磁波通過時產生吸收而消耗其能量($\varepsilon'' > 0$)，工程應用如微波暗室內所裝置的各式錐形吸波體。所見吸波體多為白色係因原黑色在室內光線太暗不宜工作，故以白色材質塗裝黑色吸波體，改善室內光線環境以利檢測工作執行。

Q42: 如何評估地面工作站附近輻射場強對人員傷害情況？

A: 設已知地面工作站送至大型碟形天線功率(P)及碟形天線增益(G_r)的有效輻射功率大小約為 40dBW(10000Watt)，依人員輻射傷害場強為 60V/m(1mW/cm²)，代入場強公式 $E = \dfrac{\sqrt{30 \times PG_r}}{R}$，按 $E = 60$V/m，$P \times G = 10^4$Watt，可求出地面工作站附近安全距離 $R = \dfrac{\sqrt{30 \times PG_r}}{E} = \dfrac{\sqrt{30 \times 10000}}{60} = 9.12$m。

工程應用：按公式 $R = \dfrac{\sqrt{30 \times PG_r}}{E}$，可求出地面工作站附近人員輻射安全距離 R(m)。公式中 $E = 60$V/m($P = 1$mW/cm²)為國際通用人員輻射場強安全規格，而 PG_r 大小將視功率大小(P)與碟形天線增益比值(G_r)大小而定，如 $PG = 45$dBW $= 31622$watt，$R = 16.23$m，$PG = 50$dBW $= 10^5$watt，$R = 28.86$m。此為理論推估值，實務上需以場強量測器所監測到 $E = 60$V/m 時的距離為準。

Q43: 試說明能量分散(energy dispersion)與混附波(*IMI*)之間關係？

A: 混附波頻率頻寬，可藉由調變方式將原有頻率頻寬雜訊調諧至較寬頻率頻寬，依能量分佈總能量不變原理，可將原較低頻斷高能量頻段頻譜降低，並分散至較高頻段頻譜，以此達成改變原有頻率頻譜能量分佈狀態。如經能量分佈調諧的混附波頻譜能量，可改善調頻(FM)雜訊，反之如未經能量分佈調諧的混附波頻譜能量，其調頻(FM)雜訊則較高。

工程應用：如圖示，經過能量分散與未經過能量分散的能量頻譜分佈圖的比較

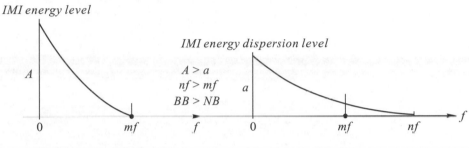

如右圖所示正將 FM 雜訊頻譜 0 至 mf 的雜訊能量位準由 *A* 調降至 *a*，雖雜訊頻諧由 *mf* 增至 *nf*，但此段高頻頻譜已超出 FM 雜訊頻譜範圍，也就是雖有此段雜訊頻譜，已超過人們聽力感應範圍，故不會造成對聽者造成影響，同時在較低頻譜 0～*mf* 的雜訊能量位準內 *A* 降至 *a*(由高變低)。對聽者而言，因在較低頻旳雜訊強度降低了，對音響的品質有了明顯的改善。

Chapter

近場與遠場

Q44: 就輻射源如何定義近／遠場(*NF/FF*)臨界距離？

A: 有二種算式可用於定義 *NF/FF* 臨界距離，一種是利用輻射場強所含三項，靜電場、靜磁場、輻射場，依輻射距離近遠與輻射源特性不同(電壓源或電流源)，這三項場強所佔份量不一，如電壓源在近場，場強人小排序為靜電場、靜磁場、輻射場，在遠場則相反，場強大小排序為輻射場、靜磁場、靜電場。如電流源在近場，場強大小排序為靜磁場、靜電場、輻射場，在遠場則相反，場強大小排序為輻射場、靜電場、靜磁場。依此場強排序大小定出以 $\dfrac{\lambda}{2\pi}$ 距離為 *NF/FF* 臨界距離。凡距離(*d*) $< \dfrac{\lambda}{2\pi}$ 為近場，距離(*d*) $> \dfrac{\lambda}{2\pi}$ 為遠場，$d < \dfrac{\lambda}{2\pi}$ 為非輻射區，$d > \dfrac{\lambda}{2\pi}$ 為輻射區。

另一種是利用在 *NF/FF* 臨界距離 *d* 時，介於非輻射區與輻射區，其對空氣衰減為零的特性，按公式 space *att* (dB) = 32 + 20 log *f* (MHz) + 20 log *d* (km)，可由已知頻率求出距離 *d* 即為 *NF/FF* 臨界距離 *d*。

工程應用：應用 $\dfrac{\lambda}{2\pi}$ 及 space *att* (dB) = 0 dB = 32 + 20 log *f* (MHz) + 20 log *d* (km) 均可求出 *NF/FF* 臨界距離。以 *f* = 100MHz，λ = 300cm 為例代入 $\dfrac{\lambda}{2\pi}$ 公式得 *d* = 47cm，代入 space *att* (dB) = 0dB = 32 + 20 log 100 + 20 log *d* (km)得 *d* = 25cm，在工程應用時為求近場效應，*d* 越小越好，故選 space *att* (dB)公式計算所得為宜。為求遠場效應，*d* 越大越好，故選 $\dfrac{\lambda}{2\pi}$ 公式計算所得為宜。

Q45: 就輻射源利用 $\dfrac{\lambda}{2\pi}$ 與 space *att*(dB)公式計算 *NF/FF* 臨界距離(*d*)不同所含意義為何？

A: 原 *NF/FF* 臨界距離 *d* 定義，緣由波阻抗與空氣阻抗之比，在近場如輻射源為電壓源，波阻抗為高阻抗(波阻抗大於空氣阻抗)，或輻射源為電流源，波阻抗為低阻抗(波阻抗小於空氣阻抗)，因兩項阻抗不匹配，電磁波無法輻射，故稱近場(*NF*)，反之在遠場因兩項阻抗均匹配，電磁波可以輻射，故稱遠場。而介於近遠場之間即所稱 *NF/FF* 臨界距離(*d*)。因此項距離(*d*)非定值而是隨波阻抗與空氣阻抗定值(120π = 377 歐姆)漸變相互關係定出，即有漸變關係近遠場臨界距離(*d*)亦隨之有不同 *d* 值，因此在應用 $d = \dfrac{\lambda}{2\pi}$ 公式與 space *att* (dB) = 0dB 公式時，可求出兩個 *NF/FF* 臨界距離 *d* 值。

工程應用：

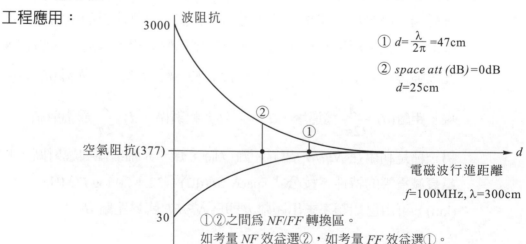

① $d = \dfrac{\lambda}{2\pi} = 47$cm

② *space att (dB)* = 0dB
  d = 25cm

①②之間為 *NF/FF* 轉換區。
如考量 *NF* 效益選②，如考量 *FF* 效益選①。

視工作需求，如針對遠場，建議以①方式計算所得 $NF/FF\ d = 47\text{cm}$，如針對近場，建議以②式計算所得 $NF/FF\ d = 25\text{cm}$，總結如對遠場，d 越大，遠場效應愈顯著，有利於遠場效應研析工作。如對近場，d 越小，近場效應愈顯著，有利於近場效應研析工作。

Q46: 就接收源如何定義近／遠場(NF/FF)臨界距離？

A: 接收源近／遠場(NF/FF)臨界距離定義，在視由輻射源輻射電磁波到達接收源面徑上的每一點是否等相位，也就是是否為平面波。由比較面徑上中心點與邊緣點上的相位差，可定出 NF/FF 臨界距離。一般要求此項相位差在 $\dfrac{\lambda}{16}$ (22.5°)定為 NF/FF 臨界距離(d)。也就是 $d < \dfrac{2D^2}{\lambda}$ 為 NF，$d > \dfrac{2D^2}{\lambda}$ 為 FF。(λ：輻射源頻率波長，D：接收源面徑大小)。

工程應用：設 $\dfrac{\lambda}{16}$ (22.5°)按 $d < \dfrac{2D^2}{\lambda}$ 定為近場，$d > \dfrac{2D^2}{\lambda}$ 定為遠場，如放寬相位差在 $\dfrac{\lambda}{8}$ (45°)，$\dfrac{\lambda}{4}$ (90°)

$d < \dfrac{D^2}{\lambda}$ 近場，$d > \dfrac{D^2}{\lambda}$ 遠場，at $\dfrac{\lambda}{8}$ (45°)。

$d < \dfrac{D^2}{2\lambda}$ 近場，$d > \dfrac{D^2}{2\lambda}$ 遠場，at $\dfrac{\lambda}{4}$ (90°)。

Q47: 綜合輻射源與接收源 NF/FF 定意，如何選用 NF 與 FF？

A: 由輻射源 $d < \dfrac{\lambda}{2\pi} NF$，$d > \dfrac{\lambda}{2\pi} FF$。

由接收源 $d < \dfrac{2D^2}{\lambda} NF$，$d > \dfrac{2D^2}{\lambda} FF$。

如單對輻射源，按 $d < \dfrac{\lambda}{2\pi} NF$，$d > \dfrac{\lambda}{2\pi} FF$。

如單對接收源，按 $d < \dfrac{2D^2}{\lambda} NF$，$d > \dfrac{2D^2}{\lambda} FF$。

如對輻射源與接收源合併考量，先行分別計算 $\dfrac{\lambda}{2\pi}$ 與 $\dfrac{2D^2}{\lambda}$ 所得結果再比較大小，如考量近場取其中較小值，如考量遠場，取其中較大值。

工程應用：範例選用 *NF/FF* 如表列

Case	$\dfrac{\lambda}{2\pi}$	$\dfrac{2D^2}{\lambda}$	*NF*	*FF*
1	100	50	$< 50\left(\dfrac{2D^2}{\lambda}\right)$	$> 100\left(\dfrac{\lambda}{2\pi}\right)$
2	50	100	$< 50\left(\dfrac{\lambda}{2\pi}\right)$	$> 100\left(\dfrac{2D^2}{\lambda}\right)$

Q48: 如何應用 *NF/FF* 臨界距離關係評估輻射源輻射能量最大處？

A: 利用 *NF/FF* 臨界距離定義 $d = \dfrac{\lambda}{2\pi}$，$d < \dfrac{\lambda}{2\pi}$ 為非輻射區，$d > \dfrac{\lambda}{2\pi}$ 為輻射區的觀念，信號能量在非輻射區以靜態貯能方式存在，在輻射區以動態放能方式存在，因受空氣衰減影響，此項動態能量逐漸隨行進距離(r)而遞減，即所謂信號場強強度[E (V/m)，H (A/m)] 隨 $\dfrac{1}{r}$ 遞減，信號功率密度 [$P = E \times H = \text{V/m} \times \text{A/m} = \text{W/m}^2$] 隨 $\dfrac{1}{r^2}$ 遞減。

工程應用：已知 $f = 100\text{MHz}$，$\lambda = 300\text{cm}$，求解輻射能量最大處？
利用 $d = \lambda / 2\pi = 300/2\pi = 47.77\text{cm}$。
以 $f = 100\text{MHz}$ 輻射源為例，輻射能量距輻射源 47.77cm 處達最大值，隨之 $d > 47.77\text{cm}$ 因遠場空氣衰減影響，輻射能量隨之遞減。

Q49: 如何界定地面工作站天線近場(*NF*)、近遠場(*NFF*)、遠場(*FF*)？

A: 由已知天線面徑大小(D)與頻率波長(λ)，按近遠場公式可評估近場(*NF*)，近遠場(*NFF*)，遠場(*FF*)的臨界距離(R)。
$$R \geq \frac{2D^2}{\lambda} \Rightarrow FF，\quad 0.62\sqrt{\frac{D^3}{\lambda}} \leq R \leq \frac{2D^2}{\lambda} \Rightarrow NFF，\quad R \leq 0.62\sqrt{\frac{D^3}{\lambda}} \Rightarrow NF。$$
在 *NF*，波阻不等於空氣阻抗。
在 *FF*，波阻等於空氣阻抗。
在 *NFF*，介於 *NF* 與 *FF* 之間波阻與空氣阻抗轉換區。

工程應用：因衛星距地球 $R = 36000\text{km}$ 高空，符合 $R \geq 2D^2/\lambda$ 屬遠場效應，除非地面站天線附近存有干擾源且近在咫尺，才有可能存在近遠場(*NFF*)、近場(*NF*)干擾顧慮，否則其他皆屬遠場(*FF*)干擾效應。

Q50: 試說明近場與遠場干擾效應不同之處？

A: 由前題可定義近場、遠場輻射源與受害源之間距離關係。如在近場視輻射源性質而定，如係電壓源，干擾場強以電場為主，屬靜電場干擾性質，如係電流源，干擾場強以磁場為主，屬靜磁場干擾性質。在近場如係電壓源，以靜電場干擾為主，如係電流源以靜磁場干擾為主，在遠場則以輻射場干擾為主，且輻射場因空氣造成衰減隨 $\frac{1}{r}$ 而遞減。

工程應用：察看地面接收站附近是否有干擾源存在，代入前題公式經評估如屬近場範圍，再確定干擾源屬性電壓源或電流源可分類屬性為靜電場干擾或靜磁場干擾。如屬遠場範圍，則為輻射場干擾，此項場強干擾特性是隨干擾源與受害源之間距離增加而遞減。

在近場如係電壓源，靜電場按 $\frac{1}{r^3}$ 遞減，靜磁場按 $\frac{1}{r^2}$ 遞減。如係電流源，靜磁場按 $\frac{1}{r^3}$ 遞減，靜電場按 $\frac{1}{r^2}$ 遞減。在遠場輻射場則按 $\frac{1}{r}$ 遞減。

Q51: 以 C 波段地面工作站為例，如何評估在其週邊存在干擾源所受近場，遠場干擾效應？

A: 設週邊干擾源頻率與 C 波段工作頻率頻寬相同時，僅計算信號強度耦合量。依 NF/FF 臨界距離定義，比較 $d = \frac{\lambda}{6}$ 與 $d = \frac{2D^2}{\lambda}$ 大小，取較小值為 NF 效應，取較大值為 FF 效應。經查 C 波段上送 6G，下送 4G，6G 波長 0.05m，4G 波長 0.075m，C 波段天線面徑 $D = 3$m，代入 $d = \frac{\lambda}{6}$，$d = \frac{2D^2}{\lambda}$

公式數據列表如下：

f(GHz)	λ (m)	$\frac{\lambda}{6}$ (m)	$\frac{2D^2}{\lambda}$ (m)
uplink 6	0.05	0.01 = 1cm	$\frac{2 \times 3^2}{0.05} = 360$m
downlink 4	0.075	0.0125 = 1.25cm	$\frac{2 \times 3^2}{0.075} = 240$m

工程應用：比較 $\dfrac{\lambda}{6}$，$\dfrac{2D^2}{\lambda}$，如取近場，$d < 1$cm or $d < 1.25$cm，實務上在 C 波段天線少有干擾源存在於 $d < 1$cm or $d < 1.25$cm，故不考量近場干擾效應。而專注於遠場干擾效應，以 uplink 6GHz 為例 $\dfrac{2D^2}{\lambda} = 360$m，以 downlink 4GHz 為例 $\dfrac{2D^2}{\lambda} = 240$m，如同時考量 uplink / downlink 並存時，取較大值 360m 為準，因 360m 滿足 6GHz FF 效應需求，也滿足 4GHz FF 240m 需求。總結在 C 波段附近，須注意距離大於 240m 位置處是否有干擾源存在，如有此項干擾源存在，需就其物性、電性資料研析是否會對 C 波段地面接收站造成干擾問題。

空間環境

Q52: 試以列表說明衛星信號傳送失效成因及造成損益情況？

A: 衛星信號傳送失效、成因、損益列表說明如下：

	失效狀況	成因	失效對象
1	信號衰減與雜訊	大氣水分子，雲，雨，雪	多在頻率 10GHz 以上為重
2	信號極性偏差	雨，雪，雹	對 C、Ku 頻段雙極性系統有影響
3	折射，大氣層內多重路徑	大氣層水分子	通訊與追蹤系統
4	信號閃爍	平流層，電離層折射造成信號波動	多發生在平流層 10GHz 以上，電離層 10GHz 以下區間
5	多重路徑反射與遮蔽	由地表地形與地表障礙物造成	移動式衛星接收裝置，如手提式或車載系統
6	信號傳送延遲	平流層，電離層	精準定時，定位系統，TDMA 系統。

(續前表)

	失效狀況	成因	失效對象
7	系統間干擾	週邊單一干擾源所產生的直射波(Direct)，反射波(Reflection)，折射波(Refraction)，漫射波(Diffraction)，散射波(Scattering)，及多個干擾源所產生的混附波(IMI)，雜波(Spurious)。	干擾主要對 C 頻段衛星信號有影響。雨水因散射作用對 C 頻段以上信號會造成影響。

工程應用： 表列失敗狀況、成因、對象分類說明，供工程人員研析衛星信號傳送，
接收情況欠佳之時參用。

Q53: 試說明地球大氣層分布狀況？

A: 由地球地表面起算雲雨雪距地高度在數公里到數十公里為大氣層，再向
上到 100 公里稱之平流層(Troposphere)，100～400 公里為電離層(Ionos-
phere)，600 公里以上才是自由空間(Free space)，工程上學理公式皆以自
由空間為準，因自由空間不受任何週邊其他影響，以此推理出來的公式
較符合學理所設條件，如電磁波在空氣中行進的衰減公式為 att (dB) = 32
+ 20 log f (MHz) + 20 log R (km)，在公式中空氣衰減與頻率與距離有關，
此係針對距地 600 公里以上空間而言，而事實實務中電磁波行進僅距地
表幾公里到幾十公里，在計算電磁波行進空氣中所受衰減應包含平流層
中雲雨雪與電離層極性變化的影響，在工程應用中為簡化週邊條件影
響，可將次要影響因素不列考量。一般以主要影響因素列入評估計算即
可。如上式中頻率與距離是影響衰減的主要因素，而次要因素如雲雨雪，
極性變化則可暫不需列入主要影響電磁波空氣衰減公式中。

工程應用： 依 G/T 所受各項因素影響，主要頻率與距離皆屬人為可調整控制範圍
的參數，雨衰常隨氣象條件變化而變化，極向則受電離層離子化及建
築物反射影響，皆屬非人為可調整控制範圍，以工程實務需求，均以
可調整控制參數為主，非可調整控制參數為輔。

Q54: 除了頻率與距離是主要影響衛星信號傳送主要衰減因素以外，還有哪些其他因素也會影響衛星信號傳送品質？

A: 信號傳送經過電離層會造成信號極性偏差(depolarization)，大氣層內折射(Refraction)與閃爍(scintillation)，信號經多重路徑(multipath)所造成的同相位異相位信號忽大忽小變化(fluctuation)與信號延遲(delay)現象，其他來自週邊建築物遮蔽(blockage)阻隔信號傳送與週邊存在干擾源也會形成對信號傳送造成衰減問題。

工程應用： 因電離層、大氣、環境建物對信號傳送的影響皆屬不定變數，理論公式推導僅供大略評估參用，實務上所需資料獲取仍以依現況實測數據為主。

Q55: 除了雨淋影響，為何衛星通訊在平流層雜訊溫度方面需選 1～10GHz 頻段工作範圍？

A: 經查如圖示平流層中个同頻段中，平流層熱雜訊溫度(Kelvin Temp °K)均不同，其中頻段 1～10GHz 相對應熱雜訊溫度較低 $KT = (4～6)°K$，故選此頻段作為衛星通訊工作頻段。

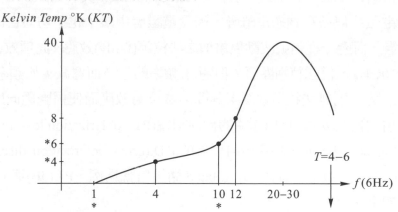

工程應用： 一般選用 C 波段(4～8)GHz，也有為提高效益，選在 Ku(12～18)GHz 偏低 10GHz 附近(12～14)GHz，$KT = 8°K$。在熱雜訊不是很高情況下 ($KT = 8$)，因 Ku 比 C 波段為高，有助於提升 G，可使 G/T 有所提升。

Q56: 改變衛星信號傳送極向有哪些因素？

A: 造成信號極向偏移的原因，是信號途經電離層受漂移電子撞擊，途經大氣層受雪、雨、雲中分子結構影響，兩者均會產生極向偏移現象。對此項偏移現象可以公式量化示之，稱之去耦合量化(Depolarization)，亦稱隔離度(Cross polarization decoupling)。

$$\text{isolation(dB)} = 20\log\frac{E(\text{copolar})}{E(\text{cross polar})}$$

如果 E(cross polar)為 0，意為無外來極向影響，信號本身極向無偏移現象，isolation (dB)為無窮大，如有外來極向影響，信號本身極向會有偏移現象致使 isolation (dB)變小，偏移現象越嚴重，隔離度(isolation)則越差。

工程應用：隔離度也有以 $\cos\theta$ 與水平、垂直方向相互關係示之，當極向相同時 $\cos\theta = \cos 0° = 1$，相互間有最大耦合量。當極向不同時 $\cos 90° =$ 負無窮大，相互間有最小耦合量。

同極向 $\cos\theta = \cos 0° = 1$，$\log 1 = 0\text{dB}$。

異極向 $\cos\theta = \cos 90° = 0$，$\log 0 =$ 負無窮大 dB。

Q57: 何謂電磁波在行進產生法拉第(farady totation)失眞效應？

A: 電磁波信號在通過電離層，因受電離層中離子化不均勻自由電子撞擊影響，而產一種信號波動現象稱之法拉第(fardy)效應。此項效益在頻率小於 10GHz，信號特別顯著。但隨 1/頻率的平方而遞減，如頻率大於 10GHz 信號，則無法拉第效應。其間因法拉第效應而使信號極向所產生的偏移角度稱之 θ_f，因此所產生的極向損益[P.L.(polarization loss)]。P.L. (dB) = 20 log cos θ_f，而去耦合極向損益[C.P.D.(cross polarization discrimination)]為 C.P.D. = 20 log cot θ_f。以 C band 衛星信號為例，P.L(dB)與 C.P.D(dB)表列如下。

GHz	θ_f	P.L.(dB)	C.P.D.(dB)
6	4°	− 0.021	+ 23
4	9°	− 0.107	+ 15

P.L. (polarization loss)

C.P.D. (cross polarization decoupling)

θ_f (polarization rotating angular)

工程應用：θ_f：指極向偏向正常方向極向角度，

*$\theta_f = 0°$，P.L. = 0dB，極向偏向為 0dB，顯示未受週邊其他極向干擾而偏向。

*$\theta_f = 90°$，P.L. = $-\infty$dB，極向偏向為 $-\infty$dB，顯示受到週邊其他極向干擾而偏向。

*$\theta_f = 0°$，C.P.D. = $-\infty$dB，顯示未受週邊其他極向干擾而偏向。

*$\theta_f = 90°$，C.P.D. = 0dB，顯示受到週邊其他極向干擾而偏向。

Q58: 大氣層內水分子對電磁波在不同頻率吸收損益(dB)情況為何？

A: 如圖示

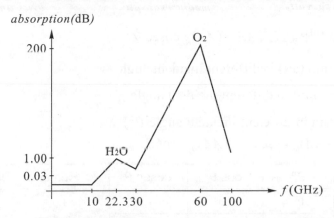

由圖示水分子對電磁波吸收最大值一在 22.3GHz，約 1dB，一在 60GHz，約 200dB，工程實務應用由圖示應選頻率在 20GHz 以內越低越好，如選 L band (1～2GHz)波長過長，天線尺寸過大，故選用較高 C. S. Ku band 頻段，一則天線可小型化，另則大氣層內水分子對電磁波吸收損益，如圖示均甚小約 0.03dB。

工程應用：按 L(1～2)GHz，S(2～4)GHz，C(4～8)GHz，X(8～12)GHz，Ku(12～18)GHz，大氣層內水分子對電磁波的吸收損益均很小，應屬可供選用範圍。但 L. S.頻段頻率過低、波長較長，所需天線面徑過大，又 L. S. X 波段軍民用雷達，通訊裝備至多，為避免頻率重疊相互干擾，衛星通訊多選 C、Ku 波段為主。

Q59: 比較雨淋入射不同方向對衛星天線接收信號受雨水衰減大小(rain att)有
何不同？

A: 設天線面垂直地面向上，對雨水入射不同角度時有不同雨水衰減量變化
如圖示。

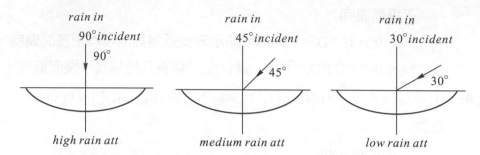

細部說明按公式 $AA = (AA)_{\theta_0} \csc \theta$

AA：rain (att) in different incident angle

$(AA)_\theta$：rain in different incident angle

$\theta°$：rain in different incident angle$(\theta°)$

AA：$(AA)_{\theta_0} \csc \theta = (AA)_{\theta_0} / \cos \theta$

$\theta°$	$\cos \theta$	$\csc \theta$	Remark
0°	1.00	1.00	Low
· 30°	0.86	· 1.15	
· 45°	0.70	· 1.41	↓
60°	0.50	2.00	high
· 90°	0	· ∞	MAX(reference)
參閱本表所示資料與圖示結果相吻合			

工程應用：由表列數據與圖示，由所得地面接收站天線與在軌衛星之間位置方位
相對應關係資料，一般多選用 30°～45°方位角。

Q60: 如何計算雨水對電磁波線性水平($H.P.$)、垂直($M.P.$)極向，圓形極向($C.P.$)
信號衰減量？

A: 按雨衰公式可計算雨衰量 Att (dB)

Att (dB)，$H.P. = a_h \cdot R_b^{bh} \cdot r_p \cdot L_s$

Att (dB)，$V. P. = a_v \cdot R_b^{\,bv} \cdot r_p \cdot L_s$

a_h，a_v：對應不同頻率的水平，垂直極向雨衰係數。

R_p：雨量大小 x mm/hr

b_h，b_v：已知雨量大小(R_p)，對應不同頻率的水平，垂直極向的雨衰係數。

r_p：衰減因子，依公式$(L_g = L_s \cos \theta)$

$$r_p = r_{0.001} = \frac{10}{10 + L_g}，p = 0.001$$

$$r_p = r_{0.01} = \frac{90}{90 + 4L_g}，p = 0.01$$

$$r_p = r_{0.1} = \frac{180}{180 + L_g}，p = 0.1$$

$r_p = r_{1.0} = 1，p = 1.0$

p：一年內下雨百分率

*L_g：如圖示

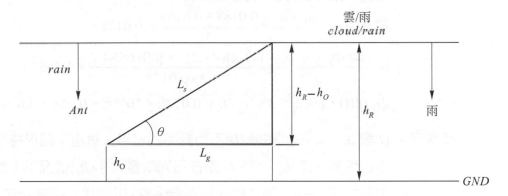

h_O：天線距地高度

h_R：雲雨距地高度

L_s：衛星信號穿越雨帶路徑

*$L_g = L_s \cos \theta$

a_h，a_v，b_h，b_v，對應頻率響應表

a_h，a_v：frequency att coefficient at $H.V.$ polarization in different frequency

b_h，b_v：polarization coefficient at rain rate in different frequency

f (GHz)	a_h	a_v	b_h	b_v
4	0.00065	0.000591	1.121	1.075
6	0.00175	0.00155	1.308	1.265
10	0.0101	0.00887	1.276	1.264
12	0.0188	0.0168	1.217	1.200

範例 1　　已知：$f = 126$Hz，$a_h = 0.0188$，$a_v = 0.0168$，$b_h = 1.276$，$b_v = 1.200$，

$R_p = 10$mm/hr，$L_s = 3$km，$L_g = 2$km，$p = 0.01$

求證：Att (dB) HP，Att (dB) VP

解答：選 $r_p = r_{0.01} = \dfrac{90}{90 + 4L_g} = \dfrac{90}{90 + 4 \times 2} = 0.918$

Att (dB)，$HP = a_h \cdot R_p^{b_h} \cdot r_p \cdot L_s = 0.0188 \times 10^{1.217} \times 0.918 \times 3.0 = 0.853$dB

Att (dB)，$VP = a_v \cdot R_p^{b_v} \cdot r_p \cdot L_s = 0.0168 \times 10^{1.2} \times 0.918 \times 3.0 = 0.733$dB

範例 2　　已知：各項參數同前範例 1。

求證：Att (dB) CP。(圓形極向)。

解答：$a_c = \dfrac{a_h + a_v}{2} = \dfrac{0.0188 + 0.0168}{2} = 0.0178$

$b_c = \dfrac{a_h \cdot b_h + a_v \cdot b_v}{2a_c} = \dfrac{0.0188 \times 1.217 + 0.0168 \times 1.2}{2 \times 0.0178} = 1.205$

Att (dB) $CP = a_c \times R_p^{b_c} \cdot r_p \cdot L_s = 0.0178 \times 10^{1.205} \times 0.918 \times 3.0 = 0.985$dB

工程應用：比較 a_h，a_v，a_c 得知對應不同頻率的水平，垂直，圓形極性有不同的雨衰係數，而 b_h，b_v，b_c 是在已知雨量大小(R_p)情況下，對應不同頻率的水平、垂直、圓形極向的雨衰係數，以此代入雨衰公式 $Att = (a_h$ or a_v or $a_c) \times (R_p^{b_h}$ or $R_p^{b_v}$ or $R_p^{b_c}) \times r_p \times L_s$，可求出在已知一年內下雨百分率為多少($P$)及衛星接收站與雲雨帶相關位置水平方向($L_g$)的雨衰量大小。

Q61: 比較雨水對線性水平(*HP*)、垂直(*VP*)、圓形(*CP*)極向雨衰量(dB)大小？

A: 按 Q60 計算結果列表比較雨衰量(dB)，對圓形極向最大，水平極向次之，垂直極向最小。

polarization	*Att* (dB)
H	0.853
C	0.985
V	0.733

總結雨衰量(dB)約小於 1dB。

工程應用： 除非衛星正常運作功能過差，一般雨衰在小於 1dB 情況下，對信號收發不會造成很大影響。

Q62: 細部說明雨水對極向的影響(*C.P.D*)？

A: 按去耦合極向損益公式(*C.P.D*)

$C.P.D.(\text{dB}) = 30 \log f - 10 \log (0.5 - 0.46\cos 4\tau) - 40 \log (\cos \theta) - V \log A$

各項參數定義如下：

1. f：GHz，

2. τ：極偏移角度，

3. θ：天線面徑垂直方向與地平面斜傾角。

4. V：常數 $V = 20$，$8 < f < 15(\text{GHz})$，$V = 23$，$15 < f < 35(\text{GHz})$

5. A：雨衰 $A = 0.2\text{dB at } f = XX \text{ GHz}$

由上列各項參數，當極向偏移 τ 角度為 0°，天線面徑垂直方向與地平面平行為 0°，*C.P.D.*(dB)最小。反之 $\tau = 90°$，$\theta = 90°$，*CPD*(dB)最大。*C.P.D.* 值愈大愈好，表示原信號極向未受雨水影響而偏移。

工程應用： 公式中所涉頻率 f，天線面徑傾斜角 θ，極向偏移角 τ，V 在不同頻段為一常數，雨衰亦隨不同頻率雨衰值不同，因變數多達五項，由公式計算所得為理論推算值，實務上最佳評估雨水對極向的影響，以比較晴天時接收信號與雨天接收信號之差異性較為務實可信。

Q63: 試比較雨，雪對極向偏移(depolarization)影響程度？

A:

	信號衰減	信號相位移延遲
雨	較大	超前
雪	較小	落後

常用物質介質常數公式 $\varepsilon = \varepsilon' - j\varepsilon''$，其中 ε'' 為物質對電磁波的損失因子，雨的 ε'' 比雪的 ε'' 為大，故雨對信號的衰減量較大。而雪的介質常數 ε' 比雨的介質常數 ε' 為大，代入 $V_\varepsilon = V_0 / \sqrt{\varepsilon'}$ 公式，因雨 ε' 較小，雨的 $V(\varepsilon')$ 較快，雪的 ε' 較大，雪的 $V(\varepsilon')$ 較慢，形成對信號有不同相位移延遲的現象。

工程應用：材質介質常數公式中 ε 為容電率，ε' 為介質常數，ε'' 為損失因子，信號衰減與 ε'' 有關，信號相位移延遲與 ε' 有關，有關 ε' 與 ε'' 因材質不同而有不同數值，此項數值均可在材質電性參數資料中查知。

Q64: 試說明電離層對電磁波信號傳送的失效影響？

A: 電離層的形成係由太陽輻射所造成，其成因為電離層位於大氣層平流層以上高度距地表 100～400 公里，受太陽照射形成離子化而得名，又因離子化後產生大量自由電子，呈分層不均勻分佈而造成對電磁波信號波動產生干擾現象，如閃爍、吸收、行進方向偏離延遲、分散、頻率與極向偏離。一般這種干擾現象會隨頻率平方的倒數而遞減，即干擾效應= $1/f^2$。其中干擾現象較嚴重的是在信號極向偏轉與閃爍方面，而閃爍主要在造成信號弱化(fading)，包括信號強度、相位、極性等方面的退化。總之這些干擾所造成的信號弱化現象，會隨一年四季日夜溫差均有所不同。有時嚴重會長達幾分鐘之久，目前針對此項干擾影響尚無良方，大部份多採提升強化信號強度應對之。

工程應用：太陽輻射強弱是造成電離層變化的主要原因，尤其太陽在黑子活動頻繁期間尤為嚴重，如果遇此情況衛星通訊勢必受到影響是難以避免的，只好等待過後再恢復正常工作作業。

Q65: 天線仰角方向與平流層內熱雜訊溫度(Tropospheric noise temperature，*K*)是否有關？

A: 天線仰角方向與對流層內熱雜訊溫度有關，以天線面徑向上零度時，接收對流層內熱雜訊溫度最大為準，天線仰角逐漸傾斜向地面，接收對流層內熱雜訊溫度亦隨之降低，其間以 *C* 波段為例，天線面徑垂直向上，可高達 100°K(*KT*)，天線面徑垂直向地，可低達 2°K(*KT*)。

工程應用：參用 *C*，*Ku* 波段傾斜角 *θ* 與熱雜訊溫度°K(*KT*)表列數據如下：

θ	*C*	*Ku*
0	100	150
5	25	30
10	10	15
*30	4	6
*45	3	4
90	2	3

實務工程應用 *C* 波段與 *Ku* 波段多選在 30～45 度，熱雜訊溫度°K(*KT*)在 3 至 6 之間。

Q66: 衛星地面接收站天線面徑傾斜角度與地面熱雜訊溫度有何關係？

A: 天線面徑垂直向上與地面呈 90°，其旁波束耦合地面熱雜訊最小，天線面徑垂直方向面越傾斜向地面，其旁波耦合地面熱雜訊則逐漸變大如圖示。

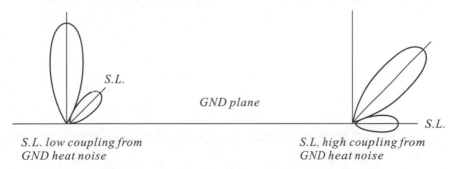

工程應用：為避免過高地面熱雜訊感應，儘可能將天線仰角調高，一般需按衛星接收站所在位置對應在軌衛星位置調整仰角大小約 30°～45°之間。

Chapter

4

發射與接收

Q67: 如何計算經由天線所輻射的電場場強強度[E(V/m)]？

A: 由電磁學基本理論 $P(R) = \dfrac{PG}{4\pi R^2} = \dfrac{E^2}{Z}$

$$E^2 = \frac{P \times G_r \times Z}{4\pi R^2} = \frac{P \times G_r \times 120\pi}{4\pi R^2}，Z = 120\pi$$

$$E = \frac{\sqrt{30P \times G_r}}{R}$$

P：輻射源平均功率($EIRP$)，(watt)。

G_r：天線增益(ratio)。

R：輻射距離(R)，(meter)。

E：電場場強強度(V/m)。

工程應用：P 係指經發射機，放大器的總量平均功率大小，G 為天線 Gain Ratio，R 為距天線 R 處所示距離遠近，E 為距天線 R 處所示電場場強強度大小。本項公式僅適用於遠場(Far field)，因其間所列 G，Z，R 均為遠場效應值，如 $G = 30\text{dB}(G_r = 1000)$，係在遠場環境量測所得，$Z$ 為空

氣阻抗(120π)在遠場輻射源波阻才等於空氣阻抗，兩者因阻抗匹配，電磁波才能輻射。R 則直接與電磁波傳送距離近場、遠場定義有關，如 $R \leq \dfrac{\lambda}{2\pi}$ 為近場，$R \geq \dfrac{\lambda}{2\pi}$ 為遠場。本題公式僅適用於遠場 $R \geq \dfrac{\lambda}{2\pi}$ 場景，綜合以上 G、Z、R、三項參數均與遠場有關，因此本題公式 $E = \dfrac{\sqrt{30 \times P \times G_r}}{R}$ 僅適用於遠場。

Q68: 地面工作站與在軌衛星有效輻射功率($EIRP$)是如何計算的？

A: 有效輻射功率係指由發射機輸出功率，經功率放大器與天線所輻射的功率大小，有效輻射功率($EIRP$)大小以平均功率計算，而平均功率大小是依公式計算

$P(av) = P(PK) \times$ pulse width $\times$ pulse rate frequency

$\quad = PK \times PW \times PRF$

PK：信號波形瞬間最大值

PW：信號波形取最小與最大之間中間值的波形滯留時間

PRF：每秒鐘出現幾次完整的脈波

工程應用： 一般信號分類比(Analog)與數位(digital)兩大類，所稱類比連續波(CW)按公式如 $PK = 1$、$PW = 10^{-6}$、$PRF = 10^6$，以此就累比連續波(CW)而言 $PK = AV$。所稱數位(digital)則按實務需求定出不同 PW 與 PRF 數值，一般數位 $AV < PK$。如 $PK = 1$，$PW = 10^{-6}$，$PRF = 10^3$，$AV = 10^{-3} < PK = 1$。在數位系統中視實務需求定出不同 PW 與 PRF 但須符合 $PW \times PRF \leq 1.0$ 條件，如 $PW \times PRF \geq 1.0$ 則會發生波形個數過多重疊現象。最典型的實務應用，在類比方面如高頻 CW 正弦波用於載波傳送低頻音頻，視頻信號。在數位方面對小型電子裝置如數位信息系統(PCM)，對大型電子裝備如雷達，通訊裝備系統。

Q69: 簡易計算衛星傳送信號射頻功率密度大小(W/m^2，mW/cm^2，dBW/m^2，dBmW/cm^2)。

A: 由 $P_R = P_o \times G_r / 4\pi R^2$ 公式

P_o：衛星發射功率 100W

G_r：衛星天線增益 $G(dB) = 35$，$G_r = 10^{\frac{35}{10}} = 3162$

R：衛星距地 36000km = 36×10^6m

$P_R = \dfrac{100 \times 3162}{4\pi(36 \times 10^6)^2} = 20 \times 10^{-12} \text{W/m}^2 = -107 \text{dBW/m}^2$

$= 2 \times 10^{-12} \text{mW/cm}^2 = -117 \text{ dBmW/cm}^2$

工程應用： 本題由球面積計算球面積上一點功率密度大小 P_R (W/m^2)。

$P_R = \dfrac{P_0 G}{4\pi R^2}$ 。

該點功率密度大小也可以電場場強強度表示 $E = \dfrac{\sqrt{30 P_0 G_r}}{R}$ 。

其間公式互換關係簡述如下

$P_R = \dfrac{P_0 G_r}{4\pi R^2}$ ， $P_R = \dfrac{E^2}{Z}$ ， $\dfrac{P_0 G_r}{4\pi R^2} = \dfrac{E^2}{Z}$ $(Z = 120\pi)$

$E(\text{V/m}) = \dfrac{\sqrt{30 P_0 G_r}}{R} = \dfrac{\sqrt{30 \times 100 \times 3162}}{36 \times 10^6} = 85.55\mu\text{V/m}$

Q70: 試將前題射頻功率密度大小(W/m^2，mW/cm^2，dBW/m^2，dBmW/cm^2)轉換為場強強度大小(V/m，μV/m，dBV/m，dBμV/m)？ $P = 20 \times 10^{-12}$W/m^2

A: 由公式 $P = \dfrac{E^2}{Z}$ ，$E = \sqrt{P \times Z} = \sqrt{20 \times 10^{-12} \times 377}$

$E = 86.83 \times 10^{-6} \text{V/m} = 86.83\mu\text{V/m}$

$E = -81.22 \text{dBV/m} = 38.78 \text{dB}\mu\text{V/m}$

工程應用： 電磁波依公式 $P = E \times H$，其中 P(W/m^2)、E(V/m)、H(A/m)，對此三者關係單位互換需十分熟練。$Z = \dfrac{E}{H} = 120\pi$，$P = E \times H = \dfrac{E^2}{Z} = H^2 Z$，應用此公式先提條件 $Z = \dfrac{E}{H} = 120\pi$，也就是說發射與接收是在輻射模

式才成立。$Z = \dfrac{E}{H}$ 意謂波阻抗，$Z = 120\pi$ 意謂空氣阻抗，所以定義當

波阻抗=空氣阻抗情況電磁波才呈輻射模式。

本題應用 $E = \sqrt{P \times Z} = 86.83\mu\text{V/m}$ 與上題 $E = \dfrac{\sqrt{30P \times G_r}}{R} = 85.55\mu\text{V/m}$

計算結果雷同。

$E = \sqrt{P \times Z}$ 與空氣阻抗 $Z = 377$ 歐姆有關，$E = \dfrac{\sqrt{30 \times PG}}{R}$ 與電磁波行經

距離 R 有關。

Q71: 試將前題場強強度大小代入地面接收站天線增益，計算天線輸出端射頻感應電壓大小(μV，$\text{dB}\mu\text{V}$)？

A: 設地面工作站天線增益為 40dB，按線因素 $AF = \dfrac{E}{V}$ 公式可轉換

為 $E = V \times AF$，改為 log 算式為 dBV/m = dBV + AF(dB)或

dBμV/m = dBμV + AF(dB)，其中 dBμV/m 為衛星輻射至地面場

強大小，dBμV 為地面接收站天線輸出感應電壓大小，AF 為地

面接收站天線因素。由已知下鏈頻率波長及天線增益代入

$AF(\text{dB}) = 20\log\dfrac{9.73}{\lambda\sqrt{G_r}}$ 公式可算出 AF(dB)值大小。

按 Q70 有關參數 $E = 38.78\text{dB}\mu\text{V/m}$

代入 dBμV/m = dBμV + AF(dB)可算出多少 dBμV。

範例說明：已知 dBμV/m = 38.78，$G = 40\text{dB}$，$G_r = 10^4$，$f = 4\text{GHz}$，

$$\lambda = 0.075\text{m}, \quad AF(\text{dB}) = 20\log\dfrac{9.73}{0.075 \times \sqrt{10^4}} = 2.26。$$

由 dBμV = dBμV/m − AF(dB) = 38.78 − 2.26 = 36.52

dBμV = 36.52，μV $= 10^{\frac{36.52}{20}} = 66.98$。

*dBm = dBμV − 107 = 36.52 − 107 = −70.48　(50 歐姆系統)

* mW $= 10^{\frac{-70}{10}} = 10^{-7}$

工程應用：由公式 $E = V \times AF$，AF 是重點所在 $AF = \dfrac{9.73}{\lambda\sqrt{G_r}}$ 公式應用中，如為遠

場效應不需實測，AF 值可由天線規格中查知頻率波長(λ)及增益比值(G_r)代入公式計算即可。如為近場效應因天線增益驟減，且減額大小隨近場效應遠近不一而變化不一，因此不能以頻率波長(λ)與增益比值(G_r)代入公式計算 AF 值。

在實務應用中近場效應情況，AF 值僅能以實測值示之，AF 值近場實測值常用於電磁干擾輻射性發射量(RE)與輻射性感應量(RS)檢測。

Q72: 由衛星輻射至地面功率密度大小 (dBW/m²) 常見依規格需大於 -100dBW/m^2，試將此單位轉換爲常用等值單位如 W/m²，dBW/m²，V/m，dBV/m，dBμV/m，mW/cm²，dBmW/cm²。

A: $P(\text{dBW/m}^2) = -100\text{dBW/m}^2$

$P(\text{W/m}^2) = 10^{\frac{-100}{10}} = 10^{-10}\text{W/m}^2$

*$E(\text{V/m}) = \sqrt{P \cdot Z} = \sqrt{10^{-10} \times 377} = 19.4 \times 10^{-5}\text{V/m}$

$E(\text{dBV/m}) = 20\log 19.4 \times 10^{-5} = -74.23\text{dBV/m}$

$E(\text{dBμV/m}) = -74.23 + 120 = 45.77\text{dBμV/m}$

$P(\text{mW/m}^2) = 10^{-10} \times 0.1 = 10^{-11}\text{mW/cm}^2$

$P(\text{dBmW/cm}^2) = 10\log 10^{-11} = -110\text{dBmW/cm}^2$

工程應用：另一常用單位為磁場密度 B(Tesla)與磁場密度 H(A/m)，按公式可將 $P.E.$轉換為 $B.H.$

$H = \dfrac{E}{Z}$，$\text{dBT} = -118 + \text{dBA/m}$。

$H = \dfrac{E}{Z} = \dfrac{19.4 \times 10^{-5}}{377} = 0.05 \times 10^{-5} = -81\text{dBA/m}$，($Z = 120\pi = 377$)

$\text{dB}T = -118 + \text{dBA/m} = -118 + (-81) = -199$，($B = \mu \times H$)

*$B(T) = 10^{\frac{-199}{20}} = 1.12 \times 10^{-10} = 1.12 \times 10^{-3}\text{mg}$ ($1T = 10^7\text{mg}$)

Q73: 如何將地面站天線輸出感應電壓(μV，dBμV)改成功率(dBm)單位？

A: 由 dBμV 改成 dBm 直接與系統輸入阻抗有關，以 50 歐姆系統

為例，按 $P(\text{dBW}) = \dfrac{V^2}{R}$，$P(\text{dBm}) = \dfrac{V^2}{R} + 30$

$\text{dBm} = 10\log V^2 - 10\log R + 30 = \text{dBμV} - 120 - 10\log R + 30$

*$\text{dBm} = \text{dBμV} - 107 \Rightarrow R = 50$ 歐姆，*R.F.*

*$\text{dBm} = \text{dBμV} - 115 \Rightarrow R = 300$ 歐姆，T.V.

*$\text{dBm} = \text{dBμV} - 117 \Rightarrow R = 600$ 歐姆，*PWR*

工程應用： 常見信號接收機與頻譜儀所示信號強度大小單位 μV，mW，其間關係
轉換全視系統輸出入阻抗大小而定，一般 *RF* 為 50 歐姆，電視為 300
歐姆，電源為 600 歐姆。

Q74: 概估地面工作站射頻級接收工作信號電壓有多大？

A: 按一般由衛星傳至地面電磁波功率密度約為−100dBW/m²，經
大型碟型天線高增益天線增益約 50dB，再經低雜訊功率放大器
增益約 30dB，經此逐級放大至低雜訊放大器(*LNA*)輸出功率密
度大小應為 −100 + 50 + 30 = −20dBW/m²，但此單位 dBW/m²
無法直接轉換求出低雜訊放大器的輸出工作信號電壓大小，正
確計算方法應先算出經天線輸出的工作信號電壓大小，然後再
加上低雜訊放大器的增益，即為低雜訊放大器輸出的工作信號
電壓大小，計算方法如下程序

1. 天線增益輸出信號大小為

   $-100\text{dBW/m}^2 + 50 = -50\text{dBW/m}^2 = 10^{-5}\text{W/m}^2$。

2. $P = \dfrac{E^2}{Z}$，$E = \sqrt{P \times Z} = \sqrt{10^{-5} \times 377} = 0.061\text{V/m} = -24.3\text{dBV}$。

3. 天線因素 $AF = \dfrac{9.73}{\lambda\sqrt{G_r}}$，$f = 4\text{GHz}$，$\lambda = 0.075\text{m}$，$G_r = 10^5$

   $AF = \dfrac{9.73}{0.075 \times \sqrt{10^5}} = 0.4$，$AF(\text{dB}) = -7.9\text{dB}$。

4. dBV/m = dBV + AF(dB)

 dBV = dBV/m − AF(dB) = −24.3 − (−7.9) = −16.4。

5. 天線輸出 ＋ 低雜訊放大器 ＝ 工作信號電壓

 −16.4dBV + 30dB = 13.6dBV = 4.78volt。

工程應用：本題計算重點在需按 $AF = \dfrac{E}{V}$ 公式延伸為 $E = V \times AF$，V/m = $V \times AF$

改成 dBV/m ＝ dBV ＋ AF(dB)，由 $P = \dfrac{E^2}{Z}$ 可求出 P(dBV/m)，由 AF

$= \dfrac{9.73}{\lambda\sqrt{G_r}}$ 可求 AF(dB)，將 P(dBV/m)與 AF(dB)代入公式可求出天線輸

出工作信號電壓 dBV，再將此值加入低雜訊功率放大器增益值，即為

低雜訊功率放大器輸出工作信號電壓值。

天線增益溫度雜訊比

Q75: 試列出地面工作站電性規格內容項次？

A: 　1. 射頻頻寬(*RF BW*)

　*2. 增益雜訊比(*G/T*)

　3. 天線增益(Gain)

　4. 天線旁波束(side lobe)

　5. 多重開口—多功劃頻(*FDMA*)

　6. 調變分類

　　(1) 多重頻率調變—調頻(*FDM－FM*)，telephony

　　(2) 單頻道連續波—數位博碼調變—相位調變(*SCPC-PCM-PSK*)，

　　　　　　　　　　voice，low speed data，telegraph。

　　(3) 單頻道連續波—相位調變(*SCPC－PSK*)，data

　　(4) 頻率調變(*FM*)，T.V.。

　7. 極向(polarization)

　　線性(linear)水平、垂直，左旋圓極向(*LCP*)，右旋圓極向(*RCP*)

8. 天線場型與極向軸向(水平，垂直)比值(Antenna axial ratio)

9. 輻射有效功率穩定度(stability of *ERP*)

10. 連續波頻率誤差範圍[*CW* frequency tolerance (kHz)]

11. 射頻頻寬外混附波[*RF* out of band emission (IMI)]

12. 雜訊強度位準(spurious emission level)

工程應用：綜合電性規格計 12 項，再以特性分類可分為六大類。

       1. 頻率—1，6，10，11

       2. 天線—3，4，7，8

       3. 增益—2，3

       4. 功率—9

       5. 調變—5，6

       6. 雜訊—11，12

Q76: 簡述 *G/T* 規格含義？

A: 一般分 *C* 與 *Ku* 頻段，按 Std *A*，*B*，*C* 分類如下

Std *A* $G/T \geq 40.7 + 20 \log f/4$

Std *B* $G/T \geq 31.7 + 20 \log f/4$

Std *C* $G/T \geq 39 + 20 \log f/11.2$

       $G/T \geq 29 + 20 \log f/11.2$

G/T 係針對地面工作站天線而言，按公式 $G/T \geq K + 20 \log f/4$，與 $G/T \geq K + 20 \log f/11.2$，指下鏈信號由地面工作站天線所示 *G/T* 規格值。其中 *K* 為常數，但 *G/T* 規格值會隨頻率升高而使天線增益升高，卒使相對應 *G/T* 規格值需求亦升高。

工程應用：按 *G/T* 公式需注意頻率 *f* 升高，$20 \log f/4$，$20 \log f/11$ 亦隨之升高，而使 *G/T* 規格值需求亦隨之提升。按下鏈 *C* 頻段 3.7 – 4.2 GHz 相對應 *G/T* 值列表如下供參用。

f(GHz)	3.7	4.0	4.2	Std
G/T	40.02	40.7	41.12	A
G/T	31.02	31.7	32.12	B

Std A：$G/T \geq 40.7 + 20 \log f/4$

Std B：$G/T \geq 31.7 + 20 \log f/4$

Q77: 衛星通訊專用天線規格 G/T 意義爲何？試以範例說明。

A: 因衛星運行遠離地球數百至數萬公里，其信號傳送接收途經電離層、平流層、大氣層均受不同電性、物性環境的影響，衛星信號在地面接收站又受天線與地表溫度雜訊影響。總之因衛星信號本身行經遠距離往返衛星與地面工作站之間，其工作信號至弱，極易受週邊雜訊影響而無法工作，因此對衛星工作站是否能正常工作，及其工作功能優劣認定，需有依循規格規範作爲參用標準。此項規格規範即爲 G/T。其意義爲地面站天線本身增益，對週邊環境及天線接收信號所涉射頻級雜訊，如信號功率放大器雜訊溫度，下線至接收機傳送損益，接收機本身熱雜訊等。

範例說明：衛星地面工作站天線增益規格(G/T)

　　　G：地面工作站天線增益(dB)。

　　　T：地面工作站射頻級接收機熱雜訊溫度雜訊(dB/°K)

　　　K：Kelvin Temp，$K = 273 + \Delta T$

　　　ΔT：room Temp

　　　由已知衛星地面工作站天線電性、物性各項參數可評估天線增益 G 及溫度熱雜訊 T 之間 G/T 比值。

1. 天線增益[G(dB)]

　　(1)天線直徑：D (10 米)，(2)下鏈頻率 f(4GHz)

　　(3)頻率波長：λ (0.075m)，(4)接收效率：K (0.54)

$$*G(\text{dB}) = 10\log\left(K \times \frac{4\pi A}{\lambda^2}\right) = 10\log\left(K \times \frac{4\pi \times \pi \times \left(\frac{10}{2}\right)^2}{\lambda^2}\right)$$

$$= 10\log\left(0.54 \times \frac{4\pi \times \pi \times \left(\frac{10}{2}\right)^2}{(0.075)^2}\right) = 10\log 94748 = 49.7\text{dB}$$

2. 熱雜訊溫度[dB/K]

(1)天線接收效率(K_1) = 0.54

(2)平流層雜訊溫度(T_s) = 4.1°K

(3)轉換因素(K_2)：$K_2 = \dfrac{1 - K_1}{2} = 0.23$。

(4)地面熱雜訊(T_g)：273 + room T(17) = 290°K

(5)天線至射頻接收機傳輸損益 L = 1dB，L_r = 1.259

(6)射頻接收機溫度熱雜訊(T_R) = 120°K

*(7)天線射頻級接收端總溫度熱雜訊(T_{RCV})

$$T_{RCV} = K_1 T_s + K_2 T_s + K_2 T_g + \frac{L_r - 1}{L_r} T_g + T_R$$

$$= 0.54 \times 4.1 + 0.23 \times 4.1 + 0.23 \times 290 + \frac{1.259 - 1}{1.259} \times 290 + 120$$

$$= 249.5°K$$

*T_{RCV}(dB) = 10 log 249.5 = 24 dB/°K

3. 地面工作站天線增益規格(G/T) dB/°K

G = 49.7dB，T_{RCV} = 24dB/°K

**G/T = 49.7 – 24 = 25.7dB/°K

工程應用：G/T 是衛星通訊中一項重要功能性指標，G/T 越大表示衛星或地面工作站天線增益所受週邊各種因素所造成的雜訊干擾對其影響越小。

Q78: 一般地面工作站天線 G/T 規格與頻率變化關係爲何？

A: 按公式 $G/T > 40 + 20\log f/4$ dB/°K

如下鏈頻率= 4GHz，$G/T > 40 + 20\log\dfrac{4}{4} = 60$dB/°K，表示天線接收衛星信號強度需大於接收端溫度熱雜訊強度 60dB 以上。

工程應用：一般環境中 T 經計算爲一定值，而 G 依天線面徑大小與工作頻率波長關係公式 $G = \dfrac{4\pi A}{\lambda^2}$，顯見選用大面徑($A$)天線提升及工作頻率波長($\lambda$)變小，代入公式均可提升天線增益 G 值，而達到提升 G/T 比值需求。

Q79: 如地面工作站天線未達 G/T 所定規格，如何改善提升？

A: 按前題所列各項參數調整，對天線增益部份可提高接收效率(K)，改換較大面徑天線以增大面積(A)，選用較高頻率減短波長(λ)等方式均可提升天線增益(G)，以擴大 G/T 差距做到符合 G/T 所定規格。對地面接收端部份，以調整地面熱雜訊與射頻接收機溫度熱雜訊為主，因此對地面工作站多選建於山頂平台，週邊有森林可降環境溫度，以達調節地面溫度熱雜訊需求。另對接收機溫度雜訊，應慎選用低溫度雜訊接收機為準，對其他如 Q77 中所列 K_1T_s，K_2T_s 及 L_r 等項雖可調整但影響不大，一般不列入調校工作範圍。

工程應用：衛星天線增益雜訊溫度比(G/T)的提升，主要工作重點在如何以大面徑(A)碟形天線，提升工作頻率減短波長(λ)，選用低雜訊功率放大器(LNA)，低信雜比(low $N.F.$)功率放大器為主，其他需慎選安裝位置，以避免週邊干擾源可能造成的干擾。

Q80: 試述天線因素($A.F.$)與天線增益溫雜比(G/T)之間互動關係？

A: 依公式 $AF=\dfrac{E}{V}=\dfrac{9.73}{\lambda\sqrt{G}}$ 與 G/T 之間關係，可簡述為因天線使用背景雜訊需求不一而來，一般在地表通訊收發不考慮環境溫度雜訊對天線增益的影響，天線因素(AF)按公式 $AF-\dfrac{9.73}{\lambda\sqrt{G}}$ 由天線因素(AF)與頻率波長(λ)代入公式，可算出天線增益大小(G)。再以環境與接收機雜訊溫度對大線增益的影響定出 G/T 成為衛星通訊中所需天線增益溫雜比(G/T)規格值。

工程應用：特別注意 $AF=\dfrac{9.73}{\lambda\sqrt{G}}$ 公式，僅適用於遠場環境，如誤置應用在近場，因天線增益(G)遞減變化不一，無法算出正確天線因素值(AF)。

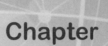

Chapter

6

射頻信雜比

Q81: 試簡要評估計算衛星輻射功率強度至地面工作站信號雜訊(*C/N*)比？

A: 地面工作站信號雜訊(*C/N*)比可由發射端、傳送路徑、接收端三方面所涉各項有關參數代入信號發射傳送接收，計算出最終地面工作站信號雜訊比(*C/N*)。舉例說明：先計算 1 + 2 + 3 部份。

1. 發射端：衛星輻射有關參數

   (1) 發射機功率　　　　　　　　　　100W(20dBW)。

   (2) 發射機至天線損益　　　　　　　−2.3dB

   (3) 天線增益　　　　　　　　　　　39dB

   (4) 指向地面站天線偏離損益　　　　−0.5dB

   *(5) 總計有效輻射功率　　　　　　　56.2dBW

2. 傳送路徑：自由空間損益+雨衰

   (1) 自由空間損益　　　　　　　　　−205.6dB

   (2) 雨衰　　　　　　　　　　　　　−2dB

   *(3) 總計損益　　　　　　　　　　　−207.6dB

3. 接收端：地面工作站：天線增益 37.6dB

信號(C)：地面工作站天線接收射頻級信號(1 + 2 + 3)功率大小(dBW)，

$$C = 56.2 + (-207.6) + 37.6 = -113.8\text{dBW}$$

雜訊(N)：接收端射頻雜訊計含靜態熱溫度頻寬雜訊及動態信雜比

$$(KTB + N.F)$$

$K = -228.6(10 \log 1.38 \times 10^{-23})$

$T = 24.7[10 \log(273 + 25)]$

$B = 74.3[10 \log 27\text{MHz}]$

$NF = 1.7\text{dB}$

$N = -228.6 + 24.7 + 74.3 + 1.7 = -127.9\text{dBW}$

C/N：下鏈 C/N 比 $= C - N = -113.8\text{dBW} - (-127.9\text{dBW}) = 14.1\text{dBW}$

工程應用： 因衛星下送信號，經 50km 的大氣空氣衰減往往約 200dB，雖由地面站大型碟形高增益天線接收，信號仍屬微弱等級(-100dBW)，因此地面接收站的低雜訊功率放大器的靜態熱雜訊(KTB)和動態的信雜指數($N.F.$)的需求規格是十分嚴謹，力求在極低 $KTB + N.F.$情況下，將本身背景雜訊降低，才能接收到極微弱的衛星信號。

Q82: 衛星信雜比(C/N)可由哪些信號處理可進一步改善視頻信號品質？

A: 衛星射頻信雜比(C/N)可由調頻(FM)、前置放大器(pre-Amp)、可見信號(Visible Signal)改善提升信雜比，按如 Q81 C/N 比為 14.1dBW，可藉由 FM 21.2dB、pre-Amp 2.9dB、Visible Signal 10.3dB，由 14.1 改善提升至 14.1 + 21.2 + 2.9 + 10.3 = 48.3dB。

工程應用： C/N 改善主要在利用 FM 高信雜比約 20dB 與人眼可見信號約 10dB 為主，而前置放大器本身已屬於低雜訊電子裝置，對 C/N 改善效果不是很顯著大約 3dB。

Q83： 為何 C 頻段衛星通訊上鏈選較高頻率(6GHz)，下鏈選較低頻率(4GHz)？

A： 綜合信號上下鏈影響傳送強度有四項：1.天線面徑大小，2.頻率波長，3.天線效率，4.空氣衰減，依天線增益公式 $G(\text{dB}) = 10\log K \times \dfrac{4\pi A}{\lambda^2}$，對上鏈部份因地處地球地表面，對面積 A 所涉 $A = \pi(D/2)^2$ 中面徑大小 D 部份，

可不受空間重量限制影響，D 越大 G(dB)越高。對頻率波長 λ 部份，因上鏈 6GHz 比下鏈 4GHz 為高，波長較短，有利於提高天線增益需求，唯一不利於高頻部份為空氣衰減部份，由空氣對電磁波衰減公式 Att (dB) = 32 + 20 log f(MHz) + 20 log R(km)，將頻率 f(MHz)以 6000MHz 與 4000MHz 代入計算空氣 Att (dB)兩者相差 3dB，此項不利於上鏈高頻 6GHz 因素，可以用大面徑面積(A)與頻率高波長短(λ)有利因素加以補償。因此在 C 頻段上下鏈所選工作頻率，是以上鏈選較高 6GHz，下鏈選較低 4GHz 為宜。

工程應用： 1. 工程上所見 C 頻段上下鏈頻率應用範圍如下

T_x	5.925 至 6.425GHz	上鏈
RCV	3.7 至 4.2GHz	下鏈

2. 工程上所見 Ku 頻段上下鏈頻率應用範圍如下

T_x	14.0 至 14.5GHz	上鏈
RCV	10.95 至 11.2GHz	下鏈

上下鏈選用不同頻段與頻率另一主要原因在避免選用相同頻段與頻率所引起的相互干擾問題。

Q84： 簡述衛星發射接收信號 C/N 與 S/N？

A： 1. 發射端：

發射機功率	100W = 20dBW
傳輸損益	= −0.5dB(W/G，Cable)
天線增益	= 40dB
指向誤差	= −0.5dB
	59dB

2. 接收端：f = 12000MHz，R = 36000km

空間衰減	32 + 20 log 12000 (MHz) + 20 log 36000 (km)	−205dB
雨衰		−2.0dB
接收端	天線增益	+36dB
		−171dB

3. 雜訊：

K	$-10\log(1.38 \times 10^{-23})$	-228.6
T	$10\log(273 + 27)$	$+24.7$
B	$10\log(27 \times 10^6)$	$+74.3$
$N.F.$	noise figure	$+1.4$
		-128.2dB

4. $C/N = (1) + (2) - (3)$

$C/N = 59 + (-171) + 128.2 = 16.2\text{dB}$

5. FM S/N Improve $= 20\text{dB}$

pre Amplified $= 3.2\text{dB}$

Invisible noise $= 10\text{dB}$

————————————

33dB

6. S/N (picture signal) $= (4) + (5) = 49.2\text{dB}$

工程應用：本項範例以 $f = 12\text{GHz}(12000\text{MHz})$ 為衛星下鏈工作頻率，送至相距 36000 公里外的地面接收站，其間有關參用參數如 1、2、3、4、5、6，其中 3.雜訊部份 KTB 為靜態雜訊也就是裝備系統開機後所產生的熱源雜訊，俗稱背景雜訊。$N.F.$為動態雜訊也就是裝備系統輸入對輸出的信雜比(S/N)，4. $C/N = 16.2\text{dB}$ 為系統間的信雜比，6. $S/N = 49\text{dB}$ 為系統內的信雜比。以 S/N 與 C/N 比較 S/N 比 C/N 為佳，係指 C/N 為射頻級信雜比，此值在進入射頻級後再經後級如 5.對雜訊有抑制改善措施，而使系統內(Intra System)信雜比(S/N)要比系統間(Inter System)信雜比(C/N)為佳($S/N = 49.2 > C/N = 16.2$)。

Q85：如何結合計算衛星上送與下送 $\dfrac{C}{N_0}$ 比值？

A：依公式 $\dfrac{N_0}{C} = \left(\dfrac{N_0}{C}\right)_U + \left(\dfrac{N_0}{C}\right)_D$ 可得知 $\dfrac{C}{N_0}$。

工程應用：設衛星上送信號 $\left(\dfrac{C}{N_0}\right)_U = 100\text{dBHz}$，下送信號 $\left(\dfrac{C}{N_0}\right)_D = 87\text{dBHz}$。

依公式 $\left(\dfrac{N_0}{C}\right)_U = 10^{-10}$，$\left(\dfrac{N_0}{C}\right)_D = 10^{-8.7}$

由 $\dfrac{N_0}{C} = \left(\dfrac{N_0}{C}\right)_U + \left(\dfrac{N_0}{C}\right)_D$

$\qquad = 10^{-10} + 10^{-8.7} = 10^{-9} \times (10^{-1} + 10^{0.3})$

$\qquad = 10^{-9} \times (0.1 + 1.99)$

$\qquad = 10^{-9} \times (2.99)$

$\qquad = 10\log 10^{-9} + 10\log 2.99$

$\qquad = -90 + 2$

$\qquad = -88\text{dBHz}$

$\dfrac{N_0}{C} = -88\text{dBHz}$，$\dfrac{C}{N_0} = 88\text{dBHz}$。

工程應用：比較 $\left(\dfrac{C}{N_0}\right) = \left(\dfrac{C}{N_0}\right)_U + \left(\dfrac{C}{N_0}\right)_D$ 與 $\left(\dfrac{N_0}{C}\right) = \left(\dfrac{N_0}{C}\right)_U + \left(\dfrac{N_0}{C}\right)_D$，運算過程採用

$\dfrac{N_0}{C} = \left(\dfrac{N_0}{C}\right)_U + \left(\dfrac{N_0}{C}\right)_D$ 要比 $\left(\dfrac{C}{N_0}\right) = \left(\dfrac{C}{N_0}\right)_U + \left(\dfrac{C}{N_0}\right)_D$ 簡易，故以

$\left(\dfrac{N_0}{C}\right) = \left(\dfrac{N_0}{C}\right)_U + \left(\dfrac{N_0}{C}\right)_U$ 方式計算。

Q86： 以常用 C 波段 6 上 4 下 GHz 為例，參用上送與下送衛星與地面站資料，試計算評估上送與下送載波對雜訊密度比值，(C/N_0)？

A：

	up link (dB)		downlink (dB)	
1.	Saturation density	−67.5	Satellite EIRP	+26.6
2.	A_0 (−21.45 + 20logf)	−37	O/P Back off	−6
3.	I/P Back off	−11	space att	−196.7
4.	Satellite Saturation(G/T)	−11.6	earth station(G/T)	+40.7
5.	−K(K = −228.6)	+228.6	−K (K = −228.6)	+228.6
	C/N_0 (1 + 2 + 3 + 4 + 5) = 101.5		C/N_0 (1 + 2 + 3 + 4 + 5) = 93.2	

$$\frac{N_0}{C} = \left(\frac{N_0}{C}\right)_U + \left(\frac{N_0}{C}\right)_D = 10^{-101.5} + 10^{-93.2}$$

$$= 10^{-10}[10^{-0.15} + 10^{0.68}] = 10^{-10}[0.7 + 4.7]$$

$$= 10^{-10}[5.4] = 10 \log 10^{-10} + 10 \log 5.4$$

$$= -100 + 7.32 = -92.68$$

$$\frac{C}{N_0} = 92.68\text{dBHz}$$

工程應用：上述 $\dfrac{C}{N_0}$ 計算考量衛星接收飽和參數 1. Saturation density (−67.5dBW)

與 4. Satellite Saturation [G/T (−11.6dB/K)]，上送未計 space att 係因 1 與 4 項兩項參數已計入 space att。下送因傳送信號到地面站已很微弱不需考量地面接收站接收信號飽和問題。$\dfrac{C}{N_0}$ 計算方式仍按

$\dfrac{N_0}{C} = \left(\dfrac{N_0}{C}\right)_U + \left(\dfrac{N_0}{C}\right)_D$ 方法運算得出結果，再將 $\dfrac{N_0}{C}$ 顛倒即為 $\dfrac{C}{N_0}$ 值。

Q87: 試舉例說明混附波(*IMI*)對衛星上送與下送全系統 *C/N* 的影響？

A: 由公式 $\dfrac{C}{N} = \left(\dfrac{C}{N}\right)_U + \left(\dfrac{C}{N}\right)_D + \left(\dfrac{C}{N}\right)_{IMI}$

上送 $\left(\dfrac{C}{N}\right)_U = 23\text{dB}$，$\left(\dfrac{C}{N}\right)_D = 20\text{dB}$，$\left(\dfrac{C}{N}\right)_{IMI} = 24\text{dB}$

$\left(\dfrac{N}{C}\right)_U = -23\text{dB} = 10\log 10^{\frac{-23}{10}}$，$\left(\dfrac{N}{C}\right)_U = 10^{-2.3}$

$\left(\dfrac{N}{C}\right)_D = -20\text{dB} = 10\log 10^{\frac{-20}{10}}$，$\left(\dfrac{N}{C}\right)_D = 10^{-2.0}$

$\left(\dfrac{C}{N}\right)_{IMI} = -24\text{dB} = 10\log 10^{\frac{-24}{10}}$，$\left(\dfrac{C}{N}\right)_{IMI} = 10^{-2.4}$

$\dfrac{N}{C} = 10^{-2.3} + 10^{-2.0} + 10^{-2.4} = 0.005 + 0.01 + 0.00398 = 0.01898$

$\dfrac{C}{N} = -10 \log 0.01898 = 17.2\text{dB}$

工程應用：如無混附波(IMI)存在，$\dfrac{N}{C} = 10^{-2.3} + 10^{-2.0} = 0.005 + 0.01 = 0.015$，

$\dfrac{C}{N} = -10\log 0.015 = 18.23\text{dB}$。

如有混附波(IMI)存在，$\dfrac{N}{C} = 10^{-2.3} + 10^{-2.0} + 10^{-2.4} = 0.005 + 0.01 +$

$0.00398 = 0.01898$，$\dfrac{C}{N} = -10\log 0.01898 = 17.2\text{dB}$。

兩者比較無混附波 $\dfrac{C}{N} = 18.23\text{dB}$，有混附波存在 $\dfrac{C}{N} = 17.2\text{dB}$，無混附

波 $\dfrac{C}{N} = 18.23\text{dB}$ 要比有混附波 $\dfrac{C}{N} = 17.2\text{dB}$ 為高。相當於無混附波

$\left(\dfrac{C}{N}\right) = 66$，有混附波 $\left(\dfrac{C}{N}\right) = 52$，在實務上當以 $\dfrac{C}{N}$ 值較高為佳。至於

混附波產生成因係由多個載波通過如行波管高功率放大器內部的非

線性電子零組件所造成。又如載波個數愈多，混附波對 $\dfrac{C}{N}$ 影響愈大，

也就是混附波($I.M.I$)對 $\dfrac{C}{N}$ 形成干擾，而使 $\dfrac{C}{N}$ 中的 N 增加，$\dfrac{C}{N}$ 值降低，

直接影響到衛星通訊系統射頻級接收信號的靈敏度。

Q88: 試舉例說明衛星通訊中重要參數衛星接收機輸入載波雜訊比 $\left(\dfrac{C}{N_0}\right)$？

A: 按公式 $\dfrac{C}{N_0} = EIRP + \dfrac{G}{T} - \text{losses} - K$，dBHz

題設 $f = 12\text{GHz}$，天線指向損益 1dB，大氣吸收損益 2dB，接收機

$G/T = 19.5\text{dB/K}$，接收饋送損益 1dB，$EIRP = 48\text{dBW} - [K] = 228.6$，

$[K = 10\log(1.38 \times 10^{-23}) = -228]$

量化參數 Quantity	對數 dB
1. free space att ($f = 12$GHz)	−204.7
2. Atomosphere absorption loss	−2
3. Antenna pointing loss	−1
4. *RCV* feeder losses	−1
5. Polarization mismatch loss	0

*6. Receiver G/T ratio，dB/K	19.5
7. $EIRP$，dBW(Ground station)	48
8. $-[K]$，($K = -228.6$)	228.6
$\dfrac{C}{N_0}$ (dBHz)(satellite)	87.40

工程應用： 第一項按 Space att $= 32 + 20 \log f \text{(MHz)} + 20 \log R \text{ (km)} = 32 + 20 \log$ 12000 $+20 \log 36000 = 204.7\text{dB}$，第二項由查表 $f = 12\text{GHz}$ 對數大氣吸收損益$= 2\text{dB}$，第三項由實測得知天線指向性損益$= 1\text{dB}$，第四項由實測得知接收端信號損益$= 1\text{dB}$，第五項由衛星發射信號極向與地面接收站接收信號極向相同$= 0\text{dB}$，第六項由地面接收系統規格訂定得知$= 19.5\text{dB/K}$，第七項衛星輻射有效功率($EIRP$)得知$= 48\text{dBW}$，第八項為熱雜訊波茲曼常數 Boltzmann Constant 1.38×10^{-23} J/K，取對數 $K = 10 \log (1.38 \times 10^{-23}) = -228.6\text{dB}$，代入公式$-K$ 得$+228.6\text{dB}$(Uplink) 影響 C/N_0(dBHz)最重要的參數一為地面發射端 $EIRP$，一為衛星接收端 $\dfrac{G}{T}$，$\dfrac{C}{N_0}$ 單位以 dBHz 計係因 $\dfrac{C}{N_0} = \dfrac{C}{N} + B_N$，式中 $\dfrac{C}{N}$ 以 dB 計，B_N 以 dB 對 1Hz 計，$\dfrac{C}{N} + B_N$ 改以 Decilogs 表示則為 dBHz。

Q89: 試算地面工作站上送衛星所需功率(dBW)大小？

A: 由已知 $f = 14\text{GHz}$，上送衛星轉發器飽和功率密度為-120dBW/m^2，空間衰減 dB，由公式上送輻射有效功率(dBW)$=$衛星接收信號飽和功率 $+10\log\dfrac{\lambda^2}{4\pi} +$ 空間衰減

$$= -120 + 10\log\dfrac{\left(\dfrac{v}{f}\right)^2}{4\pi} + 186 \ (v = 3 \times 10^8，f = 14\text{GHz})$$

$$= -120 + (-44.37) + 186$$

$$= 21.63\text{dBW} = 51.63\text{dBm}$$

工程應用： 地面工作站上送輻射功率大小(dBW)經評估 $P = 21.63\text{dBW}$ 相當於 $P = 51.63\text{dBm}$，有關射頻級各段所需功率大小如圖示案例 $P(EIRP)$：

$$T_x + Amp.\ Gain + ANT\ Gain \longrightarrow EIRP$$
$$1.63\text{dBm} + 30\text{dB} + 20\text{dB} \longrightarrow 51.63\text{dBm}$$

| 1.63dBm | | $G=30$dB | | $G=20$dB | $EIRP=51.63$dBm |

T_x 　　　　　Amp 　　　　　Ant

公式中所示 $10\log\dfrac{\lambda^2}{4\pi}$ 係由 $G_r = \dfrac{4\pi A}{\lambda^2}$，轉換為 $A = \dfrac{G\lambda^2}{4\pi} = \dfrac{\lambda^2}{4\pi}(G_r = 1)$

[設輻射源為無方向性點輻射源 $G = 0$dB，$G_r = 1$]，依 $P_R = P_0 \times A$

P_0 為上送衛星轉發器飽和功率密度＝ -120dBW/m^2，A 為距地面
36000km 的球面積大小、P_R 為距地面 36000km 遠處的球面積上單位
面積的功率密度。由 $P_R = P_0 \times A$ 公式改為對數模式計算 $P_R = P_0 + A$

故得 $P_R = -120$dBW/m$^2 + 10\log\dfrac{\lambda^2}{4\pi}$，$\left(A = \dfrac{\lambda^2}{4\pi}\right)$。

由 $10\log\dfrac{\lambda^2}{4\pi} = 10\log\dfrac{\left(\dfrac{v}{f}\right)^2}{4\pi} = 10\log\dfrac{\left(\dfrac{3\times10^8}{14\times10^9}\right)^2}{4\pi} = -44.37$

代入 $P_R = (-120) + (-44.37) = -164.37$dBW/m^2

再加上經下送 36000km 的空氣衰減 186dB，即為地面衛星站所需輻射

$EIRP = P_R + space\ att = -164.37 + 186 = 21.63$dBW $= 51.63$dBm。

Q90: 在計算地面工作站上送衛星所需功率為何？對功率放大器為何需有回授
補正(back off)功能需求？

A: 常用較寬頻行波管放大器($T.W.T.A$)因有多個載波(multi carriers)，常因混
附波影響會有轉向非線性工作區，造成信號失真現象，為將非線性工作
區轉向正常工作區，需有回授補正功能 $B.O.$ (back off)。

工程應用： 在計算地面衛星站上送衛星所需功率時，應將回授補正功能($B.O.$)此
項列入算式如下案例。

$$\left(\dfrac{C}{N}\right)_U = (ERP)_s + A_0 - B.O. + \left(\dfrac{G}{T}\right)_s - K - (RFL)_s + (-K)$$

$$\left(\dfrac{C}{N}\right)_U : \text{uplink}\ \dfrac{C}{N}\ PWR\ \text{ratio}$$

$(ERP)_s$：uplink satellite saturated PWR，-91.4dBW/m^2

A_0：$10\log\dfrac{\lambda^2}{4\pi}$，$A_0 = -44.37$（$\lambda = \dfrac{v}{f}$，$v = 3 \times 10^8$，$f = 14\text{GHz}$）

*$B.O.$：I/P Back off，-11dB

$\left(\dfrac{G}{T}\right)_s$：satellite saturation，$-6.7\text{dB/}°\text{K}$

RFL：RCV feeder losses，0.6dB

$$\left(\frac{C}{N}\right)_U = (-91.4\text{dBW/m}^2) + 10\log\frac{(3\times10^8)^2}{14\times10^9}\text{dB} + (-11\text{dB})$$

$$+ (-6.7\text{dB/}°\text{K}) + (-0.6\text{dB}) + (-K)\ (上送取 -K = 228)$$

$$= (-91.4) + (-44.37) + (-11) + (-6.7) + (-0.6) + [-(-228)]$$

$$= 73.9\text{dB}$$

$\left(\dfrac{C}{N}\right)_U$ (carrier to noise density ratio) $= 73.93\text{dB}$

*向上傳送取$- (K) = - (-228) = +228$

*向下傳送取$+ (K) = + (-228) = -228$

Q91: 試算衛星下送地面工作站所需功率(dBW)大小？

A: 由已知轉發器電視頻寬 36MHz，衛星至地面站 C/N 功率比值需 22dB，空間衰減 200dB，地面工作站 G/T 比值為 31dB/K，試算衛星輻射有效功率大小($EIRP$)？

依公式

$$(EIRP)_D = \left(\frac{C}{N}\right)_D - \left(\frac{G}{T}\right)_D + \left(\frac{\text{space}}{\text{loss}}\right)_D + K + B\ (下送取 + K = -228)$$

$$= 22 - 31 + (200) + [-228] + 10\log36 \times 10^6$$

$$= 22 - 31 + 200 - 228 + 75.6$$

$$= 38.6\text{dBW}$$

工程應用：$(EIRP)_D$ 計算公式需將轉發器電視頻寬 36MHz 計入，並將其轉換為 dBHz，故以 $10\log B(\text{Hz}) = 10\log36 \times 10^6 = 75.6\text{dBHz}$ 示之。除此上送 K 為$-[K] = -[-228] = 228$，下送 K 為$+ [K] = + [-228] = -228$。

Q92: 試以圖示 $\dfrac{C}{N_0} = \left(\dfrac{C}{N_0}\right)_U + \left(\dfrac{C}{N_0}\right)_D + \left(\dfrac{C}{N_0}\right)_{IMI}$ 所含意義？

A:　$\dfrac{C}{N_0} = \left(\dfrac{C}{N_0}\right)_U + \left(\dfrac{C}{N_0}\right)_D + \left(\dfrac{C}{N_0}\right)_{IMI}$

關係圖示如下：

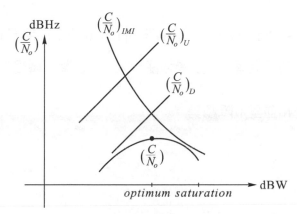

$TWTA_{I/P} - (B.O.)_{I/P}$

$\left(\dfrac{C}{N_0}\right)_U$ 與 $\left(\dfrac{C}{N_0}\right)_D$ 隨 $TWTA_{I/P} - (B.U.)_{I/P}$ 值增大而提升，此係由於 $TWTA_{I/P} -$

$(B.O.)_{I/P}$ 值增大如圖示相對應 $\left(\dfrac{C}{N_0}\right)_U$ 與 $\left(\dfrac{C}{N_0}\right)_D$ 增大有關，如以 $TWTA_{I/P} -$

$(B.O.)_{I/P}$ 值增大情況下，而 $TWTA_{I/P}$ 為定值，唯有使 $(B.O.)_{I/P}$ 減小才能使 $TWTA - (B.O.)_{I/P}$ 增大，此時 $TWTA$ 較不受由非線性元件工作所產生的混附波影響，也就是只要將 $(B.O.)_{I/P}$ 微調在低位準即可。換言之如 $TWTA$ 由完全線性元件組成，其所產生的混附波可以不計，此時 $(B.O.)_{I/P}$ 所需微調為零，$TWTA - (B.O.)_{I/P}$ 值增大，如圖示 $\left(\dfrac{C}{N_0}\right)_U$ 與 $\left(\dfrac{C}{N_0}\right)_D$ 亦隨之增大，是有

利於全系統升 $\dfrac{C}{N_0}$。$\left(\dfrac{C}{N_0}\right)_{IMI}$ 隨 $TWTA_{I/P} - (B.O.)_{I/P}$ 增大而變小，此係由於

如 $TWTA$ 如有混附波存在，如無 $(B.O.)_{I/P}$ 處理，設 $(B.O.)_{I/P} = 0$，$TWTA -$

$(B.O.)_{I/P}$ 有最大值如圖所示相對應 $\left(\dfrac{C}{N_0}\right)_{IMI}$ 有最小值，此將不利於全系

$\dfrac{C}{N_0}$，因此對有混附波存在的 *TWTA* 需有$(B.O.)_{I/P}$ 功能，俾使 *TWTA* −

$(B.O.)_{I/P}$減小如圖示相對應$\left(\dfrac{C}{N_0}\right)_{IMI}$ 有較大值，才有利於全系統提升$\dfrac{C}{N_0}$。

工程應用：如圖示$\dfrac{C}{N_0}$ 呈正弦波模式。

真正可實務應用工作區落在 optimum 左方，超出 optimum 右方則因混附波頻寬過寬，信號過強使$\left(\dfrac{C}{N_0}\right)_{IMI}$ 逐漸下降變差，影響全系統$\dfrac{C}{N_0}$接近飽和並呈下降趨勢。

Chapter 7

反射面天線

Q93: 說明偶極天線(dipole)物性/電性各項參數特性及其應用？

A: 偶極天線(dipole)屬於金屬棒狀體天線，兩端呈開路型的一種電壓源模式電感電容串聯式共振體，一些重要物性、電性特性參數列表如下。

外型	金屬棒狀體
長度	約 $\frac{\lambda}{2}$ 長度($l \leq \frac{\lambda}{2}$)
棒體直徑	較細為窄頻，較粗為寬頻
輸入阻抗	75 歐姆
頻寬	被動式窄頻，主動式寬頻
場型	半功率點波束寬 80°
增益	2.2dB($G_r = 1.65$)

工程應用：一般偶極天線(dipole)多稱之標準偶極天線(Standard Antenna)是一種用於比較其他待測天線的標準天線，以衛星天線所稱天線增益 45dB 為例，此項數據係由在天線實驗室中，經與比較標準偶極天線增益所得，簡言之經量測待測衛星天線增益大小要比標準偶極天線增益大

2.2dB，高出約 45dB，此項量測值 45dB 即為待測衛星天線增益大小。但衛星天線增益是以 *G/T* 表示，以上所述不含雜訊溫度(*T*)，是以不考量雜訊溫度下的增益，實務上需將週邊電子裝置環境各項因素列入考量，故衛星天線增益以 *G/T* 定義，而非傳統一般天線以 *G* 定義。

Q94: 一般小型拋物面衛星天線饋送喇叭(horn)是如何設計的？

A: 饋送喇叭場型為配合圓形拋物線反射面需求，基本上 *E* 場與 *H* 場需一致對稱，才能將喇叭型天線場型完全敷蓋反射面，以達最大發射接收效益，而喇叭天線場型是否在 *E* 場(*E* plane)與 *H* 場(*H* plane)場型一致？及是否有失眞問題？將端視就外形觀之有三種不同喇叭天線，一種是傳統式長方形面徑喇叭天線，一種是角圓錐形面徑天線，一般長方形喇叭天線其 *E* 與 *H* 場型多不對稱，角圓錐形其 *E* 與 *H* 場較爲對稱，但需注意其角圓錐形內部結構，如係平滑面(smooth)結構，對極向會產生高偏轉失眞(high cross polarization)現象，如係曲折面結構(corrugated)對極向僅產生低偏轉失眞(low cross polarization)。兩相比較平滑面喇叭因受極性高偏轉失眞影響，會使場型變形失眞。而曲折面喇叭因不受極性高偏轉失眞影響，場型無變形失眞現象。

工程應用：為保持 *E* 與 *N* 場型對稱一致性，與不受極向偏轉感應到反射面產生極向失真偏轉現象，喇叭天線多選用角圓錐形曲折面(Pyramid Cylinder Corrugated horn)結構喇叭天線為佳。

Q95: 一般小型拋物面衛星天線反射面是如何設計的？

A: 按拋物面線性方程式 $y^2 = 4fx$ 設計拋物面，*f* 爲拋物面中心至焦點距離，一般取 *f/D* = 0.25 比值設計，焦距距離爲 *f*，拋物面面徑大小爲 *D*。

工程應用：一般取 *f/D* = 0.25 比值設定拋物面反射體中心至焦點距離 *f* = 0.25*D*，*D* 為拋物面反射體面徑大小，如 *D* 為 30cm，*f* 為 7.5cm。如設計不當取 *f/D* < 0.25，會因焦距過近反射面，而使喇叭天線場型波束過於接近反射面，使波束僅部份含蓋反射面，而降低反射面反射效率。如設計不當取 *f/D* > 0.25，會因焦距過遠反射面，而使喇叭天線場型波束無法含蓋反射面邊緣部份，而降低反射面反射效率。如圖示場型所示喇叭天線輻射場型涵蓋(coverage)範圍 *ab* 大小不一。

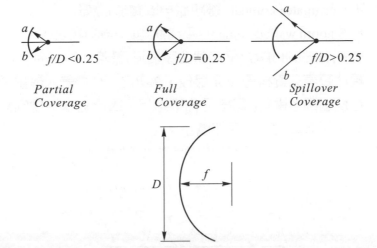

$f/D < 0.25$
Partial Coverage

$f/D = 0.25$
Full Coverage

$f/D > 0.25$
Spillover Coverage

Q96: 如何選用反射面天線中所需最佳喇叭天線模式？

A: 喇叭天線如圖示三種功能比較：

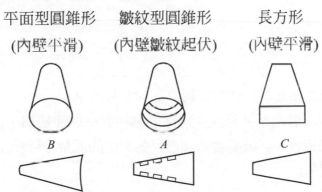

平面型圓錐形
(內壁平滑)
B

皺紋型圓錐形
(內壁皺紋起伏)
A

長方形
(內壁平滑)
C

特性 ＼ 構型	B(fair)	A(best)	C(worse)
結構	內壁平滑	內壁皺紋狀	內壁平滑
E/H 場型	較對稱	最對稱	最不對稱
反射面(正視圖) 面徑極向狀態	邊緣部位較不均勻	邊緣部位最均勻	邊緣部位最不均勻
	Vertical polarization (co-polar) *Horizontal component (cross-polar)* (A<B<C)		

工程應用： A. Corrugated conical (皺紋狀角圓錐形)最好。

B. Smooth walled conical (平滑狀角圓錐形)次之。

C. Pyramided W/G (平滑狀金字塔形)最差。

經比較表列資料得知 A 最佳，B 次之，C 最差。最重要對場型上差異在反射面上極向(電流)分佈不均勻，因含有水平極向影響原有垂直極向，而造成場型失真如圖示。

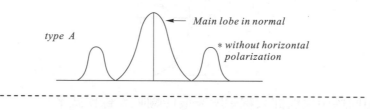

co–polar pattern (vertical polarization)

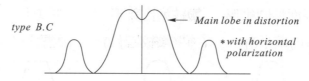

cross polar pattern (vertical+horizontal polarization)

Q97: 一般簡易型反射面衛星天線是如何設計的？

A: 簡易型反射面衛星天線多為圓形拋物面反射面結構，由饋送喇叭天線為發射或接收，其場型含蓋圓形反射面上的能量分佈為 $1 - r^2$，r 為圓形半徑如圖所示。

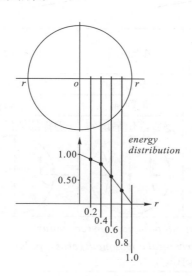

半徑	能量分佈
r	$1 - r^2$
0	1.00
0.2	0.96
0.4	0.84
0.6	0.64
0.8	0.36
1.0	0.00

場型分佈重要參數。

$$\theta_{3\text{dB}} = \left(\frac{180}{\pi}\right)\left(\frac{1.27\lambda}{D}\right) = \frac{72.8\lambda}{D}$$

$$\theta_{\text{null}} = \left(\frac{180}{\pi}\right)\sin^{-1}\left(\frac{1.63\lambda}{D}\right)$$

$$\text{1st side max position} = \left(\frac{180}{\pi}\right)\sin^{-1}\left(\frac{2.07\lambda}{D}\right)$$

$\lambda = \dfrac{v}{f}$ ，D：Size of circular aperature $= 2r$

圓形反射面面徑大小(D)與饋送喇叭天線焦距點位置(F)如圖示

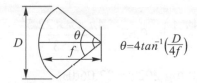

$\theta = 4\tan^{-1}\left(\dfrac{D}{4f}\right)$

D:reflector diameter (aperture size)
f:reflector focal length

一般設計採 $\dfrac{f}{D} = 0.5$

工程應用： 1. 按 $\dfrac{f}{D} = 0.5$ 代入 $\theta = 4\tan^{-1}(\dfrac{D}{4f}) = 106°$，$\dfrac{\theta}{2} = 53°$。由先設 D 可求出 f

或先設 f 亦可求出 D。一般先決定 D 大小，由 $\tan 53° = \dfrac{\frac{D}{2}}{f}$ 可求出 f。

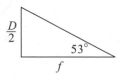

2. 喇叭天線場型設計在反射面週邊邊緣處為-20dB 如圖示。

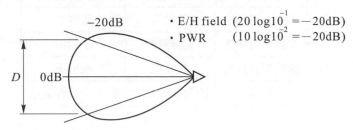

- E/H field ($20\log 10^{-1} = -20$dB)
- PWR ($10\log 10^{-2} = -20$dB)

範例說明：circular reflector energy $1 - r^2$ distribution (r：radius of reflector)，

Ku band，$f = 10.95 - 12.75\text{GHz}$，$D = 45\text{cm}$，$r = 22.5\text{cm}$，$f_0 = 11.85\text{GM}$，

$\lambda = 2.53\text{cm}$。

· $\theta_{3\text{dB}} = \dfrac{72.8\lambda}{D} = 4°$

· $\theta_{null} = \dfrac{180}{\pi} \sin^{-1} \dfrac{1.63\lambda}{D} = 5.25° (\pi = 180°)$

· 1st side null position $= \dfrac{180}{\pi} \sin^{-1} \left(\dfrac{2.07\lambda}{D} \right) = 6.68° (\pi = 180°)$

· $\dfrac{f}{D} = 0.5$，$f = 0.5D = 0.5 \times 45 = 22.5\text{cm}$

· $G_r = (K) \left(\dfrac{4\pi A}{\lambda^2} \right) = 0.65 \times \dfrac{4\pi \times \pi \times 22.5^2}{2.53^2} = 2027$

＊ G (dB) $= 10 \log 2027 = 33.06\text{dB}$

$G = \dfrac{41000}{(\theta_{3dB})_H \times (\theta_{3dB})_E} = \dfrac{41000}{4 \times 4} = 2562$，for narrow beamwidth only

＊ G(dB) $= 10 \log 2562 = 34.08\text{dB}$

Q98: 試比較反射面喇叭天線正向指向與偏向指向優劣點？

A: 如圖示表列說明

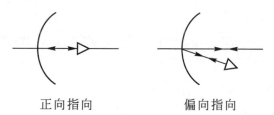

正向指向　　　　　　偏向指向

影響情況	正向指向	偏向指向
對主波遮蔽性	較嚴重	較輕微
主波束對稱性	完全對稱	不對稱
喇叭偏向效應	較輕微	較嚴重
極向	因對稱較輕微	因不對稱較嚴重

工程應用： 正向指向與偏向指向優劣點互見，其功能效率以實測為準，就機械結
構正向指向要比偏向指向製作簡易，對主波束遮性正向指向來自喇叭
天線為主，偏向指向來自週邊較多支架為主。正向指向的旁波束會因
主波束遭遮蔽而升高，偏向指向因極向不對稱也會使旁波束升高，一
般因係小型反射面結構力求簡單易於製作，且以場型波束對稱需求為
主，故多以選用正向指向反射面為主。在實測調校方面，正向指向也
比偏向指向簡易很多，但也有場型需求較窄時，喇叭天線面徑較大，
如仍採正向指向會造成對主波束過大遮蔽，而影響天線發射接收效
率。此時應改採偏向指向為宜，喇叭天線面徑大小與反射面大小關
係，如喇叭天線面徑愈小，波束愈寬所需配置的反射面面徑愈大，反
之喇叭天線面徑愈大，波束愈窄所需配置的反射面面徑愈小。如圖示
$D > d$，$a < A$。

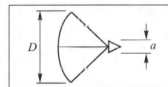	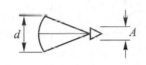	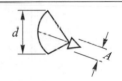
小型喇叭天線微弱遮蔽主波束影響輻射效率不大 正向指向(Center)	喇叭天線遮蔽主波束嚴重影響輻射效率(Serious blockage)	喇叭天線面徑過大，遮蔽主波束嚴重影響輻射效率 正向指向改為偏向指向(offset)

Q99: 反射面增益 $G(\text{dB}) = 10 \log K \dfrac{4\pi A}{\lambda^2}$ 公式中 K 值意義為何？

A: K 值係指影響反射面有關各項參數內含

*K_1：反射面面徑上電流或功率大小分佈狀態(aperature taper)。

K_2：饋送天線(horn)場型波束寬對應反射面天線面徑邊緣損益(spill over)。

K_3：反射面表面平整度(surface tolerance)。

K_4：喇叭天線與雙曲面反射面遮蔽損益(horn subreflector blockage)。

K_5：週邊支架遮蔽損益(support blockage)。

K_6：喇叭天線、雙曲面反射面、拋物面反射面三者軸向對準調校(Astigmation)。

K_7：反射面損益(非實體網狀結構)(Mesh，Net Leakage)。

K_8：極向偏轉損益(Depolarization loss)。

工程應用：K 值細分計分 1 至 8 項，其中 K_1 影響最大，其他 K 值均在 0.90～0.99 之間，K_1 值選用準則如需求天線窄波束低旁波束需求 K_1 約在 0.5 至 0.7 左右。

反射面功率分佈	半功率點	旁波束	增益效率
$y = f(x)$			*K_1 值
 $f(x)=(1-x^2)$	$72.7 \times \dfrac{\lambda}{D}$	24.6	*0.75
 $f(x)=(1-x^2)^2$	$84.3 \times \dfrac{\lambda}{D}$	*30.6	*0.56

Q100: 試說明反射面上電流分佈情況(K_1)及其場型、旁波束、增益關係？

A: 各式天線的電流分佈不一，形成各種不同場型、旁波束、增益，一般可分為兩大類，一為線狀排列如 broad array endfire、排列模式，一種為面狀排列，反射面係屬面狀排列，面狀排列形同先有一組多個輻射源在水平方向排成一直線，然後將此組水平方向的輻射源在垂直方向亦做多組水平方向排列形成面狀排列。就線狀與面狀排列略可由下表瞭解到與場型、旁波束、增益之間變化關係。

衛星天線與地面工作站天線為求高增益應選 Gain factor = 1，但因旁波束過高(17.6dB)，故改選用 Gain factor = 0.75，Sidelobe = 24.6dB，Gain factor = 0.56，Sidelobe =30.6dB，雖降低 Gain factor 可得低旁波束，而犧牲了高增益 Gain factor(K_1 = 1)。但另可以加大反射面面徑大小及提升頻率減短波長的方法以作彌補。

工程應用：

line Source l：length λ：wavelength

Type of distribution $-1 \leq x \leq 1$	Half *PWR* beam width in degree	Angular distance ($\times$) to first zero	Intensity of 1st Side lobe below MAX	Gain factor
$f(x)$ -1 $+1$	$50.8\dfrac{\lambda}{l}$	$57.3\dfrac{\lambda}{l}$	13.2	1.0
$Cos\left(\dfrac{\pi x}{2}\right)$ -1 $+1$	$68.8\dfrac{\lambda}{l}$	$85.9\dfrac{\lambda}{l}$	23	0.81
$Cos^2\left(\dfrac{\pi x}{2}\right)$ -1 $+1$	$83.2\dfrac{\lambda}{l}$	$114.6\dfrac{\lambda}{l}$	32	0.66
$f(x)=1-|x|$ -1 $+1$	$73.4\dfrac{\lambda}{l}$	$114.6\dfrac{\lambda}{l}$	26.4	0.75
		x		

Circular aperature　D：aperature size　λ：waveleugth

Type of distribution $0 \leq r \leq 1$	Half PWR beam width in degree	Angular distance ($\times$) to first zero	Intensity of 1st Side lobe below MAX	Gain factor
$f(r)=(1-r^2)^0$ −1 +1	$58.9\dfrac{\lambda}{D}$	$69.8\dfrac{\lambda}{D}$	17.6	1.0
$f(r)=1-r^2$ −1 +1	$72.7\dfrac{\lambda}{D}$	$93.6\dfrac{\lambda}{D}$	24.6	0.75
$f(r)=(1-r^2)^2$ −1 +1	$84.3\dfrac{\lambda}{D}$	$116.2\dfrac{\lambda}{D}$	30.6	0.56

Q101: 試說明 K_2 場型波束寬對應天線面徑邊緣損益(spill over)設計需求？

A: 　　一般設計喇叭天線場型，波束約需有 90%功率能量能含蓋反射面為準，餘 10%未能含蓋反射面部份稱之邊緣損益(spill over)，也就是以喇叭天線場型波束−10dB 的波束寬角度為準，計算反射面面徑大小(D)，如圖示。

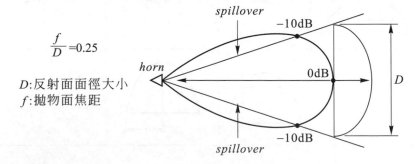

$$\frac{f}{D}=0.25$$

D:反射面面徑大小
f:拋物面焦距

工程應用： 如喇叭天線場型波束需含蓋全部反射面，反射面面徑大小要比場型波束取−10dB 點的場型波束大很多，如圖示 $D_2 > D_1$，就物性因 $D_2 > D_1$。

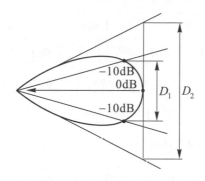

反射面過大，不符製作經濟效益，且阻風係數過大易受損重量過重不易操控。就電性場型成形所需對應反射面能量分佈，以能量分佈中心為重，對兩側邊緣部份列屬非重要部份，對反射面形成場型波束影響不大。因此可將喇叭天線場型波束邊緣部分省略，以此減少對應反射面所需面徑大小。如圖示 $D_1 < D_2$。

Q102: 簡易說明反射面平整度 K_3(roughness)對信號造成損益情況？

A: 由 K_3 代表反射面平整度對信號造成損益情況，拋物面反射體按公式 $K_3 = e^{-(2\pi x/\lambda)^2}$ 計算損益大小，凱氏反射面按公式 $K_3 = e^{-(4\pi x/\lambda)^2}$ 計算損益大小，範例說明如下：

一般反射體材質平整度(x)

	material type	RMS surface tolerance (x)
1	Spun aluminum	* 0.15mm(0.006')
2	metalized plastic	0.06mm(0.0025')
3	machined aluminum	0.04mm(0.0015')

e.g. $f = 10\text{GHz}$， $\lambda = 30\text{mm}$， $x = 0.15\text{mm}$

凱氏面： $K_3 = e^{-(4\pi x/\lambda)^2} = e^{-(4\pi \times 0.15/30)^2} = 0.996 = -0.0174\text{dB}$

拋物面： $K_3 = e^{-(2\pi x/\lambda)^2} = e^{-(2\pi \times 0.15/30)^2} = 0.999 = -0.0043\text{dB}$

工程應用： 比較凱氏面與拋物面材質相同時，平整度對信號衰減凱氏為 0.0174dB，拋物面為 0.0043dB。係因凱氏公式中以 $4\pi \times x$，而拋物面公式中以

$2\pi \times x$，因 $4\pi \times x > 2\pi \times x$，故凱氏比拋物面對信號損益略大一點，其他 K_3 值對應 surface loss (dB)如表列供參閱(dB = $10\log K_3$)。

K_3	1.0	0.9	0.8	0.7	…0.5
surface loss (dB)	0.00	0.45	0.96	1.54	…3.0

Q103: 簡易說明反射面前存有遮蔽物時所造成的遮蔽效應(K_4)？

A: 此處遮蔽物係指主反射面前的喇叭天線或副反射體(cassegrain Antenna Subreflector)，如圖示 d。

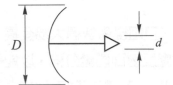 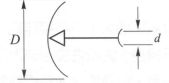

reflector+feed horn　　*cassegrain reflector+subreflector+feed horn*

$\dfrac{d}{D}$	0	0.05	0.1	0.2
K_4	1.0	0.99	0.956	0.835
loss (dB)	0	−0.043	−0.195	−0.783

工程應用：由物性結構觀察量測 $\dfrac{d}{D}$ 比值大小，參閱上表可評估反射面前遮蔽物對反射面所造成的損益大小(loss (dB))，藉此計入對信號整體損益所造成的影響情況。

Q104: 簡易說明反射面前存有結構型支撐物時所造成的遮蔽效應(K_5)？

A: 此處遮蔽物係指主反射面前用於支撐喇叭天線，或凱氏天線副反射體所需的支撐結構物，如圖示。

support: $n_1 , n_2 , n_3 \cdots\cdots$

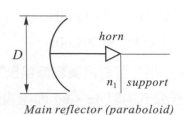 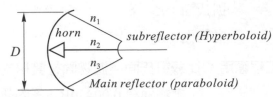

Main reflector (paraboloid)

n_1，n_2 過少不計 K_5

	D	10λ	100λ	200λ
K_5	n_3	0.946	0.995	0.999
	loss (dB)	−0.241	−0.021	−0.0043
	n_4	0.935	0.994	0.998
	loss (dB)	−0.291	−0.026	−0.0086

工程應用：如圖示表列數據顯示，反射面面徑(D)愈大，支撐物對其遮蔽效應愈小，D 愈小遮蔽效應愈大，支撐結構物愈多對遮蔽效應愈大，反之愈小。為減低支撐物遮蔽反射影響，支撐物多改採非金屬物材料製作，如高度強化塑化材料(FRP)等，選用此項材料另需注意其對電磁波損失因子大小(loss factor)。按學理公式 $\varepsilon = \varepsilon' - j\varepsilon''$，此處所指損失因子為 ε''，ε'' 愈小對電磁波所造成的損益愈小，除此也要注意介質常數(ε')，選用 ε' 接近 1 的材質與空氣介質常數 $\varepsilon' = 1$ 相同，電磁波因阻抗完全匹配，可完全通過此類材質不會造成電磁波反射與損益問題。

Q105: 簡述饋送喇叭天線杻位中心與主反射面中心頂點是否成一直線(line of sight)對準調校誤差損益(K_6)？

A: 如對準調校是否成一直線誤差在 0.1λ 以內，對不同 f/D 設計值所產生的調校誤差值損益如下表列。

feed v.s. Antenna axil line of sight Adjustment

error 0.1λ		
f/D	K_6	misalignment loss (dB)
0.25	0.996	−0.0174
0.33	0.980	−0.0877
0.50	0.930	−0.3151

工程應用：由表列觀察 feed 距 Antenna 愈近 misalignment loss (dB)愈小，愈遠愈大。此乃物理現象愈近調校愈準，損益愈小，愈遠調校愈不準，損益愈大。工程上實作一般是以光學儀器調校誤差，有些直接以 feed 為發射，觀察經反射面所成場型波束出現最大值變化情況，作為調校觀察

基準。或以其他輻射源輻射，經反射面傳至喇叭天線接收，並觀察接收信號強度大小變化，一般以調校至接收信號出現最大值時，相對應所得誤差值，即為調校誤差最小值。

Q106: 試說明反射面結構模式損益情況(K_7)？

A: 反射面如係金屬實體面結構 K_7 (leakage efficiency)為 1，如係金屬網狀結構 K_7 約為 0.99。

工程應用： 為求反射面無損益採用金屬實體結構($K_7 = 1$)，如考慮大型反射面重量及阻風問題，則改採金屬網狀結構，以解決減重及降低風力影響問題。

Q107: 試說明反射面極向偏轉損益情況(K_8)？

A: 反射面極向損益視反射面大小與平整度而定，其中兩者比較反射面大小要比平整度影響極向較大，如反射面較小極向損益較小，反射面較大極向損益較大，一般大型反射面在反射面邊緣部份因拋物面曲面彎曲度較大，由於物性結構曲面會造成極向在反射體邊緣部份的信號極向產生失真現象，而形成極向損益。

工程應用： 除了因大型反射面會產生極向損益外，還有一項影響極向損益的因素來自饋送喇叭天線類別，以三種不同用於反射面輻射喇叭天線。

1. 方形開口角錐形(pyramid)。
2. 圓形開口內壁平滑圓錐形(cone with smooth surface)。
3. 圓形開口內壁皺紋圓錐形(cone with corrugated surface)。

其中以第三種為最佳選項，因其在反射面上所產生的極向失真最小，也就是在反射面上的極向損益最小。

Q108: 如何評估計算天線增益總額效率？

A: 按天線總額效率計算公式

$K = K_1 \times K_2 \times K_3 \times K_4 \times K_5 \times K_6 \times K_7 \times K_8$

將各項 K_1 至 K_8 數值代入公式計算即可，其中 K_1 最重要，一般依衛星天線低旁波束設計需求 K_1 在 0.5～0.6 之間。代入天線增益 G(dB) = 10log$K$ × $\dfrac{4\pi A}{\lambda^2}$ 公式可概估天線增益 dB 值。

工程應用：由 K_1 至 K_8 各項影響天線增益效率中，以 K_1 與 K_2 (K_1：Aperature PWR distribution，K_2：spill over)影響最大，其他 K_3 至 K_8 均十分接近 0.90 以上，對天線增益效率影響不是很大。如 $K = K_1 \times K_2$ 過小，增益不符需求。按 $G(\text{dB}) = 10\log K \times \dfrac{4\pi A}{\lambda^2}$ 公式可由增大天線面徑(A)或提高頻率減短波長(λ)的方法可增大增益加以補償。

Q109: 如何評估圓形大反射面天線增益？

A: 一般由查規格中註記 H plane、E plane、半功率波束寬$(\theta_{3dB})_H$，$(\theta_{3dB})_E$ 資料，可經由公式 $G(\text{dB}) = 10\log\dfrac{41260}{(\theta_{3dB})_H \cdot (\theta_{3dB})_E}$ 得知增益大小，如$(\theta_{3dB})_H = (\theta_{3dB})_E$ $= 3°$，代入 $G(\text{dB})$公式 $G(\text{dB}) = 36.6\text{dB}$。或由註記$(\theta_{3dB})_H$，$(\theta_{3dB})_E$ 單位為 radian，如$(\theta_{3dB})_H = (\theta_{3dB})_E = 0.05236$ radian (3°)代入

$G(\text{dB}) = 10\log\dfrac{4\pi}{(\theta_{3dB})_H \cdot (\theta_{3dB})_E}$ 公式，$G(\text{dB}) - 36.6\text{dB}$。

如已知頻率波長及圓形大反射面面積大小尺寸，依 $G(\text{dB}) = K\dfrac{4\pi A}{\lambda^2}$ 公式亦可評估天線增益大小，A 為天線面徑面積大小，K 為天線效率因子，一般設計 $K = 0.5$，如衛星地面接收站上下鏈，上鏈為 6GHz、下鏈為 4GHz，天線面徑 $D = 2$m 為例，對上鏈 6GHz($\lambda = 0.05$m)，下鏈 4GHz($\lambda = 0.075$m)，

$G(\text{dB})$，6GHz $= 0.5 \times \dfrac{4\pi \times \pi \times 1^2}{0.05^2} = 38.97$。 $\left[A = \pi r^2 = \pi\left(\dfrac{D}{2}\right)^2 \right]$

$G(\text{dB})$，4GHz $= 0.5 \times \dfrac{4\pi \times \pi \times 1^2}{0.075^2} = 35.45$。 $\left[A = \pi r^2 = \pi\left(\dfrac{D}{2}\right)^2 \right]$

工程應用：常見反射面以圓形與長方形具多，如係圓形

$G(\text{dB}) = 10\log\dfrac{K}{(\theta_{3dB}) \cdot (\theta_{3dB})_E}$，$K$ 取 41260，如係長方形 K 取 31000，

在應用此公式時需注意此公式僅適用於窄頻波束(< 5°)，波束越窄 $G(\text{dB})$計算值越精確，如為寬波束(> 10°)，建議不要採用此算式評估增益，因計算所得結果與理論值，實測值誤差至大。

Q110: 一般圓形或方形與長方形面徑所形成的波束有何不同？

A: 圓形或正方形面徑作為反射體或輻射體(相陣列 phase array Antenna)，其波束多為筆尖型波束(pencil beam)，長方形面徑所形成的波束在長大於寬的方向其波束為窄波束，而寬小於長的方向其波束為寬波束，如長方形長的方向放水平位置，寬的方向放垂直方向其所形成的波束，由上視圖看為窄波束，由側視圖看為寬波束。同理如長方形長的方向放垂直位置，寬的方向放水平方向，其所形成的波束由上視圖看為寬波束，由側視圖看為窄波束。

工程應用： 圓形或正方形面徑所形成的波束為筆尖型(pencil beam)，多用於高增益天線設計，如地面接收站天線增益均在 40dB 以上，或用於武器系統對目標追蹤之用，長方形面徑所形成的波束在一方向為窄波束，另一方向為寬波束，如上視圖為窄波束，側視圖為寬波束，多用於平面搜索目標方位位置，如上視圖為寬波束，側視圖為窄波束，多用於測高搜索目標方位位置，如圖示。

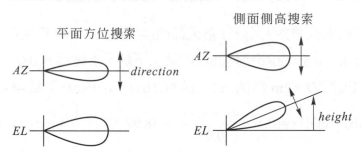

Q111: 試比較衛星通訊中常用 C 與 Ku 頻段接收信號強度所涉頻率波長與天線增益關係？

A: 基本上有二大因素影響衛星接收站天線接收信號強度，一為空氣衰減，一為天線增益，按空氣衰減 space att (dB) = 32 + 20log$f$(MHz) + 20log$R$(km) 公式計算，設 R(km) = 36000km 比較 C 與 Ku 頻段兩者相差 10dB(20 log 12000 − 20 log 4000 = 10dB)。如 C 與 Ku 頻段天線面徑大小一樣代入增益

公式 $G(\text{dB}) = K\dfrac{4\pi A}{\lambda^2}$，兩者相差 0dB。以 C 頻段 $\lambda = 0.075\text{m}$，Ku 頻段

$\lambda = 0.025\text{m}$，代入 $G(\text{dB})$ 公式得 $0\log K \cdot \dfrac{4\pi A}{0.025^2} - 0\log K\dfrac{4\pi A}{0.075^2} = 0\text{dB}$。

工程應用：比較頻率與波長對信號衰減的影響，雖高頻(Ku)的空氣衰減要比低頻
　　　　　(C)大約 10dB，但高頻(Ku)天線增益要比低頻(C)天線增益為高大約
　　　　　0dB，兩相互補結相同。但 Ku 為高頻 C 為低頻。故在先有低頻(C)之
　　　　　後，又有發展高頻(Ku)的需求，再就工程觀點與經費來看，也有將頻
　　　　　率提升做到系統裝備小型化的需求。

Q112: 簡述大型地面工作站碟形天線結構物性、電性工作原理？

A:　　如圖示，凱氏天線 casegrain Ant

Main reflector high efficiency design

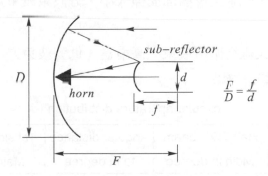

1. 物性：由大型 D 拋物面(paraboboid)與小型 d 雙曲面(hyperboloid)及喇
　　　叭天線 horn 組成。
2. 電性：喇叭天線位於拋物面中心點位置，調校簡易精準，信號接收直
　　　接送至接收機路徑短損益低，是一種最佳喇叭天線安裝位置設
　　　計。

工程應用：因衛星信號傳至地面至為微弱(μV)，為提升地面接收站天線增益，如
　　　　　採用傳統單拋物線反射面，依增益計算公式 $G = K\dfrac{4\pi A}{\lambda^2}$，$K$ 值約在 0.5
　　　　　左右，而提升天線增益效率首需提升 K 值，而凱氏天線設計 K 值約
　　　　　近 0.9 至 1.0 之間，以 $K = 0.5$ 與 $K = 1.0$ 代入公式計算，比較兩者增
　　　　　益相差 3dB 之多。故現所見多採用凱氏天線為主，也有為節省經費改

用拋物線反射面天線，按 $G = 10\log K \dfrac{4\pi A}{\lambda^2}$ 公式計算兩者比較相差

3dB。如改採拋物線反射面天線面徑面積需大於凱氏天線面徑面積 1 倍，相當於半徑大 1.4 倍，直徑大 2.8 倍。簡易評估計算模式如下。

設 $\dfrac{4\pi}{\lambda^2}$ 為定值常數，代入 $G = 10\log K \dfrac{4\pi A}{\lambda^2}$ 公式，比較凱氏天線 $K = 1.0$

與拋物面天線 $K = 0.5$，如兩者增益相同，拋物面天線面積需為凱氏天線大一倍。由凱氏天線 $A = \pi r_1^2$ 與拋物面天線 $2A = \pi r_2^2$，

$r_2^2 = \dfrac{2A}{\pi} = \dfrac{2 \times \pi r_1^2}{\pi} = 2r_1^2$，$r_2 = 1.4 r_1$，$R_2 = 2.8 R_1$ 得知，拋物面天線面徑

直徑(R_2)約為凱氏天線面徑直徑(R_1)大 2.8 倍。

Q113: 如已知凱氏天線主反射面輻射能量分佈狀態，與波束半功率點、波束寬角度需求，試求主反射面面徑大小，旁波束波束角度與大小，增益、大小？

A: 一般凱氏天線均循窄波束、高增益、低旁波束方向設計，按圓形反射面能量分佈設計參數

circular aperature distribution

type of distribution $0 \le r \le 1$	Half *PWR* beam width in degree	Angular distance to in degree	1st side-lobe below Main lobe in dB	Gain factor
$f(r)$ $-1 \quad 0 \quad +1$ $f(r)=|1-r^2|^2$	$84.3\dfrac{\lambda}{D}$	$116.2\dfrac{\lambda}{D}$	30.6	0.56

範例說明：已知：$\theta_{3dB} = 1°$，$S.L. = 30dB$，$f = 4GHz$

求證：凱氏天線面徑大小，增益大小。

解答：　　$\theta_{3dB} = 84.3 \times \dfrac{\lambda}{D}$ ，$f = 46Hz$，$\lambda = 0.075m$

$D = 84.3 \times \lambda/\theta_{3dB} = 84.3 \times 0.075/1.0 = 6.32m$

$G = 10 \log K \dfrac{4\pi A}{\lambda^2} = 10 \log 0.56 \times \dfrac{4\pi \cdot \pi \times \left(\dfrac{6.32}{2}\right)^2}{(0.075)^2} = 46dB$

工程應用：一般設計凱氏天線以優先考量半功率波束寬多少度？旁波束需低於主波束多少 dB？由這兩項資料可經由圓型大小面徑參數表(circular Aperature distribution)得知何種類別能量分佈(type of distribution)，案例如表列供參閱。

D：circular Aperature distribution

type of distribution $0 \leq r \leq 1$	Half *PWR* beam width in degree	Angular distance to first zero	1st side-lobe below Main lobe in dB	Gain factor
$f(r) = \lvert 1 - r^2 \rvert^0 = 1$	$58.9 \dfrac{\lambda}{D}$	$69.6 \dfrac{\lambda}{D}$	17.6	1.00
$f(r) = \lvert 1 - r^2 \rvert$	$72.7 \dfrac{\lambda}{D}$	$93.6 \dfrac{\lambda}{D}$	24.6	0.78
$f(r) = \lvert 1 - r^2 \rvert^2$	$84.3 \dfrac{\lambda}{D}$	$116.2 \dfrac{\lambda}{D}$	30.6	0.56

D：circular Aperature size

λ：wavelength

r：distance ($0 \leq r \leq 1$) from center of circular Aperature

Q114: 簡述凱氏天線旁波束分佈狀態？

A: 凱氏天線旁波束與波束角度、旁波束低於主波束多少 dB 值關係，按公式

$1° < \theta < 48°$，$S.L.$(dB) $\leq 32 - 25 \log \theta$

$\theta > 48°$，$S.L.$(dB) ≤ -10dB

計算如圖示 $S.L.$(dB) vs. $M.L.$(dB)

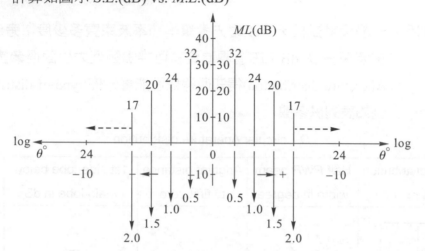

工程應用： 一般凱氏天線主波束半功率點約為 $1°(\pm0.5°)$，旁波束通常位於主波束左右側$>\pm1°$位置，按公式計算 $S.L.$(dB)，$1°$時為 32，餘 $2°$，$3°$，$4°\cdots$ 分為 24，20，17，$\cdots$。$S.L.$dB 隨 $\theta°$增加而遞減，但到$\pm 24°$，$S.L.$dB 可低於 $32 - (-10) = 42$dB，如 $\theta > \pm 24°$，按理論值依公式可繼續遞減大於 42dB，但在實務上有所限制，故定 40dB 左右為旁波束最佳極限值。對 $1° < \theta < 24°$範圍以內旁波束計算，以 $S.L.$(dB) $\leq 32 - 25 \log \theta$ 公式示之。理論公式演算值，不計地面接收站天線構形，及週邊其他環境因素影響，要比實務實測值為好。

低雜訊與行波管放大器

Q115: 系統中為何需要低雜訊放大器(*LNA*)？

A:

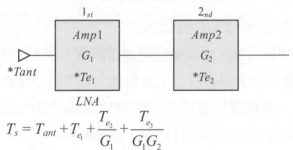

$$T_s = T_{ant} + T_{e_1} + \frac{T_{e_2}}{G_1} + \frac{T_{e_3}}{G_1 G_2}$$

系統中第二級雜訊溫度為 $\dfrac{T_{e_2}}{G_1}$ ， T_{e_1} 為第一級雜訊溫度(*LNA*)約在 35ºK～ 120ºK，T_{ant} 雜訊溫度與天線仰角有關約在 30ºK～60ºK。

工程應用：用衛星接收信號極為微弱，其週邊環境與射頻級雜訊溫度影響接收信 號品質影響至大，其中第一級低雜訊功率放大器功能影響接收信號最 大，除了由於因高增益 G_1 可使 $\dfrac{T_{e_2}}{G_1}$ 降低以外，本身也需低雜訊溫度 (T_{e_1}) ，這樣才能使系統雜訊溫度 T_s 全面降低。

Q116: 試算低雜訊放大器連接接收機時，兩項結合所成的系統雜訊溫度(T_s)？

A:

```
        ┌──────────────┐           ┌──────────────┐
   ──→  │    LNA       │           │    RCV       │  ──→
        │   G=40dB     │           │   NF=12dB    │
   Ts   └──────────────┘           └──────────────┘
        $Te_1$=120°K                  NF=15.85
```

$$T_{e_2} = (NF - 1) \times T_0 = (15.85 - 1) \times (290 + 27) = 4306\text{°K}$$

$$T_s = T_{e_1} + \frac{T_{e_2}}{G} = 120\text{°K} + \frac{4306}{10^4} = 120.43\text{°K}$$

工程應用：由 $T_s = T_{e_1} + \dfrac{T_{e_2}}{G}$ 式中，T_{e_1} 係指 LNA 本身雜訊溫度，T_{e_2} 係指 RCV 本身雜訊溫度，但因受 LNA 高增益(40dB)影響使 $\dfrac{T_{e_2}}{G}$ 雜訊溫度僅升0.43°K，但如 LNA 增益降至 30dB，$\dfrac{T_{e_2}}{G}$ 升至 4.3°K，如 LNA 增益再降至 20dB，$\dfrac{T_{e_2}}{G}$ 升至 43°K，使系統雜訊溫度(T_s)升至 163°K$(120 + 43)$，將對接收射頻信號信雜比$\left(\dfrac{C}{N}\right)$造成影響。因此選用 LNA 應選低雜訊 (low T_{e_1})高增益(High Gain)為準則，才能有效降低系統雜訊溫度(T_s)。

Q117: 衛星接收系統中常見 LNA/LNB 含義為何？

A: LNA 為低雜訊功率放大器，也就是低熱源雜訊放大器，因衛星信號至為微弱，雖經放大器將微弱信號放大，但對放大器工作時所產生的熱源雜訊也需要維持在一低位準，這樣才能保持放大器所定的信雜比(S/N)規格。LNB 為低雜訊組合(Low noise block)，這裡所稱的組合，係指 LNA 與 LNC 合而為一，LNA 為低雜訊功率放大器，LNC 為低雜訊降頻器。

工程應用：LNA 係將天線所接收的射頻信號放大，LNC 係將所接收的射頻信號頻率降低，如 Ku 12GHz 為射頻信號，經 LNC 降為 L 頻段 950～1450 MHz，再送至衛星接收機做 IF 70MHz，FM/AM Demod 信號處理。

Q118: 試說明用於衛星通訊高頻高功率放大器電性特性需求？

A: 一般低頻電路，採用電感、電容組合而成的串聯或並聯共振電路設計多屬低功率放大器。而用於衛星通訊因衛星射頻信號傳至地面接收站信號

已十分微弱，需要高頻高功率放大器，而此型放大器因需將微弱信號放大，對於是否會受到本身所產生的靜態熱雜訊與動態信雜比影響，成為一項重要電性特性需求。對靜態熱雜訊可由規格所示靈敏度 dBm (Sensentivity $S = N$)與信雜比 dB (Noise figure)得知。兩者相加即為該放大器總雜訊背景位準。以此雜訊背景大小評估對衛星接收信號是否造成干擾，也藉此驗證此型放大器是否合乎低雜訊放大器(LNA)所定規格需求。

工程應用：對熱雜訊，按 Botzm 熱雜訊公式 KTB 計算放大器雜訊位準[ENP(dBm)]
$= -173$dBm $+ 10 \log B$(Hz)，如 $B = 100$，$E.N.P. = -153$dBm，$B = 1000$，$ENP = -143$dBm…。對信雜比，按 $N.F.$ (noise figure)所示規格如 NF(dB) $= 0$dB，對放大器輸入對輸出信雜比(S/N)保持不變，此為理論理想值 實務上如 NF(dB) $= 3$dB，表示對放大器輸入 S/N 對輸出 S/N 為 2，如 (S/N) at $I/P = 10$ to (S/N) at $O/P = 5$，NF(dB) $= 3$dB $= 10\log \frac{10}{5} - 10 \log 2$

。綜合靜態熱雜訊與動態信雜比，如 $ENP = -143$dBm，$NF = 3$dB，Heat noise $+ NF = -143 + 3 = -140$dBm。以此與衛星接收站天線收到信號功率大小比較來鑑定此項高功率放大器是否合乎所定規格($S/N - 30$)需求，如圖示

$$S/N = S - N = -110 - (-140) = 30$$

$S > -180$，$S/N > 30$，pass. $\quad S < -180$，$S/N < 30$，fail.

Q119: 簡述衛星通訊中所使用的高功率放大器窄頻，寬頻特性？

A: Klystron 屬窄頻，$TWTA$ 屬寬頻，Klystron 是一種高 Q 窄頻設計，$TWTA$ 是一種多個共振腔(multiple cavities)經逐一間隔式調諧(stagger turning)所組成的寬頻放大器，TWTA 是一種低 Q 寬頻設計。

工程應用：Klystron 是一種高 Q 窄頻放大器，具有單一共振頻率而無其他寬頻混附波干擾問題。$TWTA$ 因由多個共振腔組成，雖具寬頻特性，但也會產生因多個主載波所衍生混附波干擾問題，其 Q 值雖因寬頻而降低，但可依多個多振腔串接提高信號達到高 Q 放大效果。對窄頻定義以

$f_0 \pm f_0 \times 5\%$ 為準，由高頻 f_H、低頻 f_L 可算出中心頻率 $f_0 = \sqrt{f_H \times f_L}$。對寬頻定義以 f_H 對 f_L 比值 2 為參考，也就是以 $\dfrac{f_H}{f_L} \geq 2$ 為準，中心頻率 $f_0 = (f_H + f_L)/2$。

Q120: 說明行波管(*TWTA*)混附波(*IMI*)雜訊(N_0)對應行波管承載連續波平均功率(*C*)大小所造成的影響？

A: 混附波頻寬與行波管承載連續波多少有關，行波管所載連續波愈多，所形成的混附波頻寬也愈寬，也就是雜訊 N_0 愈大，以 C/N_0 比值如 N_0 變大 C/N_0 比值愈小，對行波管連續波平均功率 C 則有不利影響。

工程應用：由圖示，以 *I/P* back off relative to saturation 為 6dB 時，$A > B > C$ (14 > 13 > 12)相對應連續波承載數分為 6，12，500，顯見行波管連續波承載數愈多，$\dfrac{C}{N_0}$ (dB)愈低，不利於射頻級所需較高 ($\dfrac{C}{N_0}$) dB 比值需求。

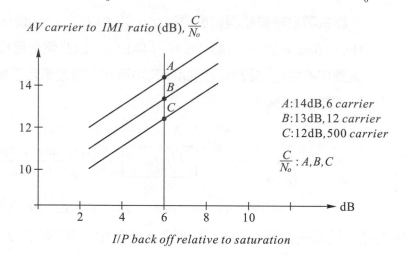

Q121: 試說明行波管(*TWTA*)混附波(*IMI*)在不同輸入回授補正所需 dB 數(*I/P* back off relative to saturation)情況下，對連續波平均功率對應混附波(*AV* carrier to *IMI* ratio，dB)比值 $\left(\dfrac{C}{N_0}\right)$ 有何影響？

A: 回授補正(*I/P* back off relative to saturation) dB 過小不足，係因未能將行波管由混附波所造成的非線性工作區調回線性工作區，致使降低了正常所

需連續波平均功率對應混附波比值 $\left(\dfrac{C}{N_0}\right)$ dB 因此回授補正越大，越能將由混附波所造成的非線性工作區調回線性工作區，因此可提升連續波平均功率對應混附波比值 $\left(\dfrac{C}{N_0}\right)$。

工程應用： 延用 Q120 圖示，提升 *I/P* back off relative to saturation，dB，可在行波管承載不同連續波數量情況下，提升 *AV* carrier to *IMI* ratio dB，$\dfrac{C}{N_0}$ 比值。參閱下列圖示及表列說明。

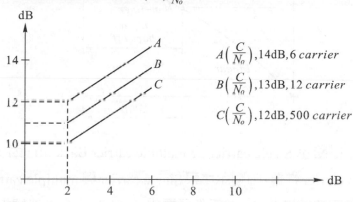

I/P back off relative to saturation

I/P back relative to saturation	C/N₀，dB		
	A	B	C
	6 carriers	12 carriers	500 carriers
2	12	11	10
4	13	12	11
6	14	13	12

the larger *I/P* back off，the higher C/N_0
the smaller *I/P* back off，the lower C/N_0
in different carriers for *A*(6)，*B*(12)，*C*(500)。

Q122: 如何改進 *TWTA* 寬頻高功率在信號輸入功率過高時在輸出信號所產生的混附波失眞問題？

A: 降低輸入功率使輸出功率回到正常線性輸出對應輸出工作區內稱之 Back off。Back off 所含範圍係指最高線性輸入功率所在的線性工作區點至單一載波輸入功率所在的非線性工作區飽和點之間的區間。也就是需將在最大輸入功率所在輸出飽和點的最大功率，降至輸出線性工作區之最大輸入功率，如圖示。

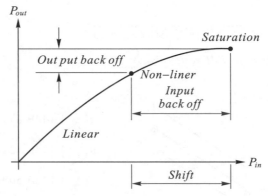

工程應用： 如圖示 Single carrier 與 multiple carrier Back off，因 *TWTA* 屬 multiple carrier 性質，由圖示比較 Single carrier 與 multiple carrier，Single carrier 在非線性 back off 工作區要比 multiple carrier 非線性 back off 工作區較接近線性變化，故 Back off 輸出線性區至非線性飽和區所對應的輸入功率大小區間是以 Single carrier 為準。

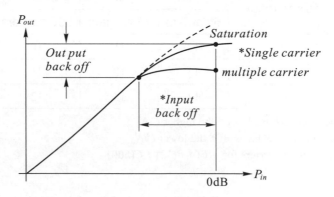

Q123: 如何評估衛星行波管放大器所需功率輸出？

A: 依公式$(P_{TWTA}) = (EIRP)_D - (G)_D + (TFL)_D$，代入

$[P_{TWTA}]_s = (P_{TWTA}) + (BO)_{O/P}$，可求出 P_{TWTA} 飽和輸出功率大小。

工程應用：已知衛星 $EIRP$ = 56dBW，$(BO)_{O/P}$ = 6dB，衛星發射機饋出損益= 2dB，衛星天線增益= 50dB，試求 $TWTA$ 輸出功率大小及飽和時 $TWTA$ 最大輸出功率大小。

$(P_{TWTA}) = (EIRP)_D - (G)_D + (TFL)_D = 56 - 50 + 2 = 8\text{dBW}$

$(P_{TWTA})_s = P_{TWTA} + (BO)_{O/P} = 8 + 6 = 14\text{dBW}$

Q124: 在計算衛星下送所需功率放大器回授補正(BO)與地面站上送所需放大器回授補正(BO)有何不同？

A: 計算地面站上送功率放大器回授補正(BO)稱之 I/P back off，而衛星下送放大器回授補正(BO)稱之 O/P back off，兩者關係為

$(BO)_{O/P} = (BO)_{I/P} - 5\text{dB}$。一般$(BO)_{I/P}$ = 11dB，$(BO)_{O/P}$ = 11 − 5 = 6dB。

工程應用：已知$(EIRP)_D$ = 25dBW，$(BO)_{O/P}$ = 6dB，space att = 196dB，earth station G/T = 41，other losses = 1.5dB，$-[K]$ = $-[-228]$ = 228。代入公式

$$\left(\frac{C}{N_0}\right)_D = (EIRP)_D - (BO)_{O/P} + \left(\frac{G}{T}\right)_D - \text{losses} - [K]$$

$$= 25 - 6 + 41 - (196 + 1.5) + 228$$

$$= 90.5 \text{ dBHz}$$

由地面站上送所涉行波管功率放大器回授補正$(BO)_{I/P}$ 為 11dB，而衛星下送所涉行波管功率放大器回授補正$(BO)_{O/P}$ 為6dB，兩者相差 5dB。

類比信號

Q125: 簡述衛星類比信號工作內容分類？

A: 類比信號主要工作內容分視訊(Video, Visible Signal)與音訊(Audio, listening signal)兩大類，其基頻信號(baseband signal)係指最低工作頻率所含信號內容(Information Signal)，如劃頻分工(*FDM*，frequency division multiplexing)，用於電報電話(telephony)，視訊、音訊(Video，Audio)用於電視(T.V.)。

工程應用： 類比主含視訊畫面與音訊聲音兩大部份，其工作信號調變載波才能有效將信號信息傳送至接收端，再將調變還原才完成可實用的視訊、音訊功能。

Q126: 電話語音通話爲何出現無折返雜訊(non-feedback noise)與有折返雜訊(feedback noise)之別？

A: 有無折返雜訊之別在選用抽樣式信號頻率(f_s ：Sampling rate signal frequency)高低，如 $f_s > 2f_v$ ($f_v = 3.4\text{kHz}$)， f_s (8kHz) > $2f_v$ (2 × 3.4kHz) = 6.8kHz，因 8kHz > 6.8kHz，其間保有間隔頻率不致產生重疊干擾現象。反之如

f_s(6kHz) < 2 f_s (2 × 3.4kHz = 6.8kHz)，因 6kHz < 6.8kHz，其間因有重疊干擾現象，在信號連續傳送一段時間因有累積效應，會對信號造成干擾，可能產生傳送信號錯率影響正常通訊信號品質。

工程應用：為避免間隔頻率分離不夠，產生重疊干擾現象。在語音通話中均採 f_s：Sampling rate signal frequency 大於 2 倍音頻 f_v = 3.1kHz 的方法，處理這項 feedback noise 重疊干擾問題。

Q127: 在類比電路中旁波帶為何選用較低旁波帶(lower SSB)而不選較高旁波帶 (higher SSB)？

A: 按圖示 SSB 發收原理，接收端需將發射端信還原，以音頻 300～3400Hz 為例，經 20kHz 載波頻率調變(FM)會出現 lower SSB(16.6k = 20k – 3.4k，19.7k = 20k – 0.3k)與 higher SSB(20.3k = 20k + 0.3k，23.4k = 20k + 3.4k)。採 SSB 工作原理圖示。

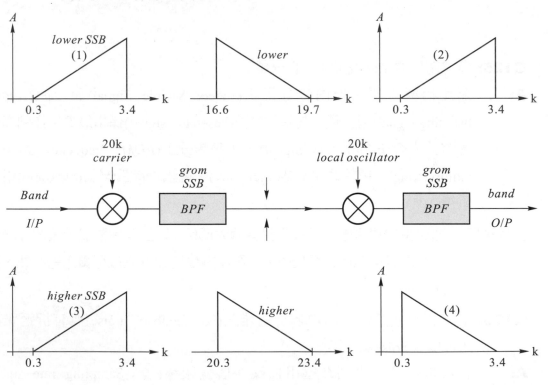

比較 lower *SSB* 與 higher *SSB* Band *I/P* 與 Band *O/P* lower *SSB* 圖示相同，higher *SSB* 圖示相反。

因發射(Band *I/P*)信號需與接收信號(Band *O/P*)相同【(1)與(2)相同，(3)與(4)不同】。故在雙旁波帶載波調變中(*DSBSC*，double Sideband suppressed Carrier modulation)需選用 lower *SSB* 【(1)與(2)相同】。

工程應用： 為避免較低旁波帶(lower *SSB*)與較高旁波帶(higher *SSB*)過於接近產生重疊失真現象，在選用載波頻率(carrier frequency)時需高於基頻(0.3～3.4k)中最高頻率 3.4k，如 carrier frequency = 20k > highest frequency in the baseband = 3.4k，所得 lower *SSB*(16.6～19.7k)與 higher *SSB*(20.3～23.4k)兩者相距 0.6k(20.3～19.7k)。

Q128: 簡繪多個音訊類比旁波帶分佈圖？

A: 以三個頻道音訊類比旁波帶運作輸入與輸出關係如圖示。

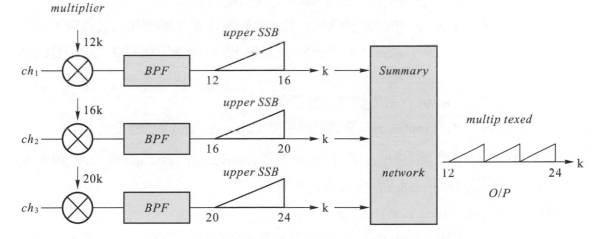

FDM (Freq division Multiptexed)

type	VFC Voice freq Channel	group extend (kHz)	guard (kHz)
basic	3	12～24	0.9
group	12	60～108	0.9
supper group	60	312～552	0.9

24k = 12k + 4k × 3   4k = 3.4k + 0.9k
108k = 60k + 4k × 12
552k = 312k + 4k × 60

工程應用：音訊預設 300～3400Hz，頻寬 3.1kHz 加上保護頻寬隔離所需的 0.9k，
合計單一音頻頻道為 3.1k + 0.9k = 4kHz。

頻道數愈多所需頻寬愈寬，如 basic Master group 可含 300 個音頻頻道
頻寬可延展至 812～2044kHz。supper Master group 可含 900 個音頻頻
道頻寬可延展至 8516～12388 kHz。

Q129: 簡繪示意類比調頻(FM)逐級工作方塊圖？

A:

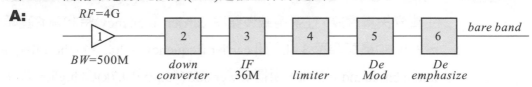

工程應用：1. $RF\ BW$ = 3.7 至 4.2GHz，BW = 0.56 = 500MHz，

2. down converter = 降頻器(RF to IF)

3. $RF\ BW$ = 500MHz = $IF\ BW$ × number of transponder + guard BW

   = 36M × 12 + 68M = 500MHz

4. limiter = 去除調頻信號受熱雜訊影響所產生的調頻信號雜訊，形同
   class A 放大器對小信號可保持調頻信號強度大小不變的功
   能。

5. DeMod = 解調調頻信號頻率。

6. De emphasize = 解調調頻預強化(Emphasize)信號強度。

Q130: 試說明調頻(FM)之中 1.視頻調變(derivation ratio D)與 2.音頻調變
(Modulation index B)定義有何不同？

A: D (derivation ratio) $= \Delta F / F_m$

ΔF：調變基頻(base band)所示載波最大頻率變化量(PK carrier derivation)

F_m：基頻信號最高頻率

B (Modulation Index)：調變指數，$\Delta f / f_m$

僅用於對正弦波調變俗稱音調調變(tone Modulation)。

工程應用：D 定義係指針對任意不特定所需調變信號(Arbitrary modulating
signal)，如 $IF\ BW = 2(\Delta F + f_M)$公式中 $D = \Delta F / f_M$。而 B 定義係指針對正
弦波調變 $B = \Delta f / f_m$，Δf為正弦波調變載波最大頻率變化量，f_m基頻
信號最高頻率，總結 D 用於非特定需調變信號如 $IF\ BW$，B 則特定用

於針對音頻正弦波信號調變。公式定義 $D = \Delta F / F_M$ 原委來自 Carson's rule，$B = \Delta f / f_m$ 則屬 $D = \Delta F / F_M$ 公式的推廣應用部份。

Q131: 何謂 Carson's rule？用在何處？

A: Carson's rule 用在說明 *FM* 信號與 *IFBW* 之間的關係，Carson's rule 按公式列爲 $B_{IF} = 2(\Delta F + F_M)$，$\Delta F$ 爲調變基頻所示載波最大頻率變化量，F_M 爲 *FM* 調變最高頻率，$D = \Delta F / F_M$ (derivation ratio)。由已知 F_M 與 ΔF 代入公式可算出 B_{IF}。

工程應用： 調頻最大頻率(F_M)受制於中頻放大器工作頻寬，與調變基頻所示載波最大頻率變化量 ΔF，可得知 *FM* 調變最高頻率頻寬範圍 B_{IF}。

Q132: 已知音頻 800Hz，用於調頻(*FM*)，最大頻率調變量至 200kHz，試計算音頻調變指數與頻寬？

A: 音頻調變指數(Mod Index) $= \Delta f / f_m = 200k/0.8k = 250$。

音頻調變頻寬(B) $= 2(\Delta f + f_m) = 2(200k + 0.8k) = 401.6kHz$。

工程應用： 根據 Carson's rule，對視頻(Video)，D 值 $\left(D = \dfrac{\Delta F}{F_M} \right)$ 大約選用介於 $2 < D < 10$ 之間，其 B_{IF} 依 $B_{IF} = 2(\Delta F + F_M)$ 公式計算。對音頻(Audio)取 B 值，一般 B 值很大，$B = $ 數十到數百，如 $B = \dfrac{\Delta f}{f_m} = \dfrac{200k}{0.8k} = 250$，對 B_{IF} $= 2(\Delta f + f_m)$ 或 $2(\Delta f + 2f_m)$ 兩者結果相差不大。題例 $B_{IF} = 2(200k + 0.8k) = 401.6k$，與 $B_{IF} = 2(200k + 2 \times 0.8k) = 403.2k$ 兩者十分相近。但如應用到視頻 D 值，如 $D = \dfrac{\Delta F}{F_m} = \dfrac{10.752}{4.2} = 2.56$，$B_{IF} = 2 \times (10.752 + 4.2) = 29.9M$ 與 $B_{IF} = 2(10.752 + 2 \times 4.2) = 38.3M$，兩者相差較大。實務上轉發器(transponder)的 $B_{IF} = 36M$ 是選介於 29.9M 與 38.3M 之間中間參考值而來。

Q133: 說明爲何 *FM* 比 *AM* S/N 要好很多？

A: 依 *FM* 基本工作原理，其調頻低高隨信號強度成正比，*FM* 頻率愈高，信號強度愈強，S/N 比亦愈大，另一方面，雜訊強度與 *IF* 頻寬成正比，雖

然 *IF* 頻寬增寬時雜訊隨之上升，但可受頻帶濾波器(*BPF*)限制，使 *S/N* 比仍可保持在 *S* 較大、*N* 較小情況下較高 *S/N* 比值，而 *AM S/N* 比值為線性變化，*S/N* 為一定值，兩相比較 *FM S/N* 要比 *AM S/N* 為佳。

工程應用：比較 *AM/FM* 檢波雜訊如圖示

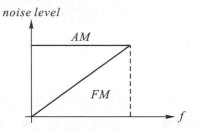

AM noise level 與 *f* 呈常數線性直線變化，*FM* noise level 與 *f* 呈三角形雜訊分佈變化，*FM* noise level 比 *AM* noise level 為低，*FM S/N* 要比 *AM S/N* 為高，因此 *FM* 音頻品質要比 *AM* 音頻品質好很多。

Q134: 試進一步說明 *FM* 檢波器三角形雜訊分佈特性改善信雜比情況？

A: 如圖示 *FM* 雜訊電壓密度(noise voltage spectrum density for *FM*) v.s.雜訊頻率(f_n)。

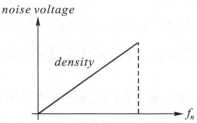

經查 *FM* 檢波器三角形雜訊分佈特性係由檢波器增益(processing gain)定義為 *S/N* 對 *C/N* 之比如圖示 $K_R = \dfrac{S/N}{C/N}$，K_R：processing gain。

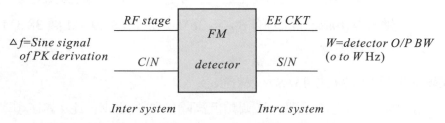

$$K_R = \frac{S/N}{C/N} = 3\,(\beta + 1)\,\beta^2$$

$$\beta = \frac{\Delta f}{W} \text{ (Mod Index for sine Mod at highest } W \text{ Hz)}$$

Mod Index β 越大，K_R 越大

$$\frac{S}{N} = \frac{C}{N} \times K_R = \frac{C}{N} \times 3(\beta + 1)\,\beta^2$$

$$10\log\frac{S}{N} = 10\log\frac{C}{N} + 10\log\,[3\,(\beta + 1)\,\beta^2]$$

工程應用：Mode Index β 越大，$\frac{S}{N}$ 越大，以此提升 FM $\frac{S}{N}$ 比值改善音頻品質。

Q135: 試說明 AM，FM 雜訊量位準(noise level)對應頻率(f)變化量響應情況？

A: 如圖示比較 FM noise level 要比 AM noise level 為低，對頻率呈三角形模式響應變化。

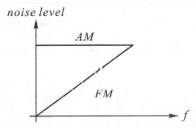

工程應用：FM 雜訊位準會隨頻率升高，雜訊位準亦隨之升高，但比 AM 在全頻段均呈高雜訊位準要好很多，一般 FM 比 AM 信雜比高約 10dB 以上。

Q136: 如何改善可見雜訊(Visible Noise)？

A: 藉由觀賞者對高頻不具視力響應能力的自然現象，以改善觀賞者對高頻雜訊鑑別能力，如圖示。

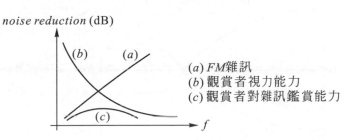

(a) FM雜訊
(b) 觀賞者視力能力
(c) 觀賞者對雜訊鑑賞能力

工程應用：雖然 *FM* 對在高頻雜訊隨之升高，但觀賞者在高頻視力能力亦變差，所以在高頻 Noise Level 升高如圖示(a)，對觀賞者在高頻視力差如圖示(b)，不會造成實質上對視力鑑賞影響如圖(c)。

Q137: 如何改善發射端 *FM* 調變高頻所產生的高位準雜訊？又如何在接收端恢復原有 *FM* 調變信號位準？

A: 因 *FM* 雜訊強度對應頻率上升而隨之上升，為克服 *FM* 雜訊在高頻呈上升趨勢，需預先隨頻率上升逐步強化信號強度，應對 *FM* 雜訊隨頻率上升趨勢，才能保持 *FM* 信號 *S/N* 比值為一常數值。此項預先強化信號需求稱之預強化(pre-Emphisize)，反之在接收端需以解強化(De-Emphisize)將發射端經預強化(pre-Emphisize)信號復原。如圖示

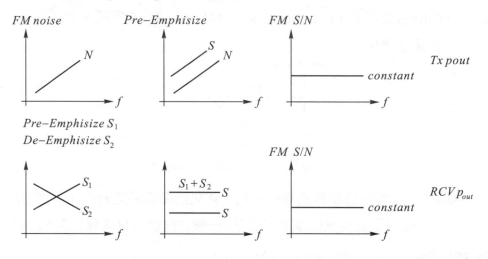

預調強化 S_1 與解調強化 S_2，$(S_1 + S_2)$ 實務對應頻率如下圖示。

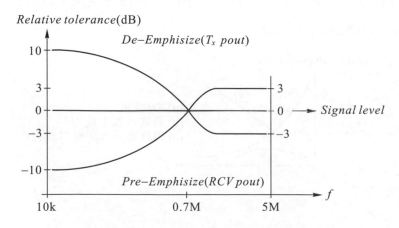

工程應用： 發射端預強化信號與接收端將預強化信號恢復原狀，是屬於針對信號
強弱不同，為求在一定頻段內，維持一定信雜比比值得一種作法。而
FM 的雜訊位準是隨頻率升高而升高，所以必須提升信號的位準，以
保持所定信雜比規格。

Q138: 舉例說明 *FM* 檢波器以檢波器增額增益(K_R：processing gain)改善信雜比
(S/N)情況？

A: 已知 1 kHz test tone (voice 300～3400Hz)產生最大調頻 5kHz，如 $C/N =$
30dB，試求 K_R 與 S/N 比。

代入公式 $K_R = 3(\beta + 1)\beta^2$，$\beta = \dfrac{\Delta f}{W} = \dfrac{5k}{1k} = 5$

$K_R = 3 \times (5 + 1) \times 5^2 = 450 = 10\log450 = 26.5$dB

$S/N = C/N + (K_R)_{dB} = 30 + 26.5 = 56.5$dB 如圖示

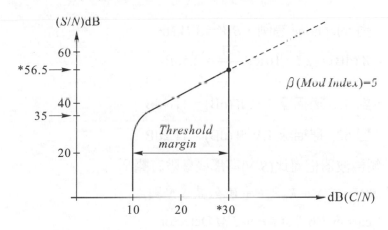

工程應用： 上圖僅示 β (Mod Index) = 5 時，S/N 對應 C/N 響應圖，當 β 不同時，
S/N 對應 C/N 響應圖亦不同，β 愈大，響應圖曲線斜率愈大，S/N 比值
愈大，所得音頻改善效果愈好。

Q139: 類比電路中除了以檢波器增額增益[K_R (processing gain)]改善信雜比(S/N)
以外，其他還有什麼方法可進一步改善信雜比(S/N)？

A: 按 $S/N = C/N + K_R$ 是以 K_R 改善 S/N，如類比電路中信號再加預強化
(pre-Emphsize)與解強化(De-Emphsize)功能可進一步改善電路信雜比

(S/N)，如 $S/N = C/N + K_R + P$，式中 P 項即為預強化與解強化功能，由此可增強 S/N 比。

工程應用：以 FDM/FM telephony P 項為例可改善 4dB，T.V.(525 line 系統)P 項為例可改善 13dB，T.V.(625 line 系統)P 項為例可改善 13dB。

Q140: 如何改善預強化與解強化在低頻與高頻邊緣工作曲線平整度(flatness)？

A: 利用雜訊平整度因子(noise weighting)可改善預強化與解強化(pre-Emphsize，De-Emphsize)在低頻與高頻工作響應曲線兩端邊緣部份的平整度。

工程應用：W(dB)：改善低，高頻兩端邊緣工作曲線的平整度

按 Noise weighting 公式

$$W(dB) = 2.5 + 10\log\frac{BW}{3.1},$$

· 對 telephone 為例，$BW = 3.1$kHz

$$W(dB) = 2.5 + 10\log\frac{BW}{3.1} = 2.5\text{dB}。$$

· 對 525 掃描線 T.V. W(dB) = 11.9dB。

· 對 625 掃描線 T.V. W(dB) = 11.2dB。

Q141: 調頻檢波器信雜比(S/N)與那些參數有關？

A: 按 $S/N = C/N + K_R + P + W$ 公式 S/N 與

C：carrier PWR at I/P to FM Detector

N：noise PWR at O/P to FM Detector (S/N)，at O/P to RF (C/N)

K_R：FM Detector processing gain

P：pre-Emphasis，De-Emphasis

W：noise weighting

等五項參數有關。Unit = dB

工程應用：五項參數中 C，N，K_R 屬動態參數，P，W 為靜態參數，動態 C 與 N 隨實務動態量測值為準，K_R 隨音頻 W(300～3400Hz)與最大調頻 Δf 比值而定，$K_R = 3(\beta + 1)\beta^2$，$\beta = \Delta f/W$。

如以 $W = 1k$，$\triangle f = 5k$ 為例

$\beta = \triangle f / W = 5k/1k = 5$，$K_R = 450$

$10 \log 450k = 26.5dB$，$K_R = 26.5dB$

P 與 W 為靜態參數，P 為預強化／解強化，視音頻、視頻本身信號強弱需預強化、解強化程度而定。W 為改善雜訊在高低頻邊緣部份工作平整度，如電話可改善 2～3dB，如電視可改善 11～12dB。

Q142: 試算劃頻分工／調頻(FDM/FM)檢波器增額增益[K_R (processing gain)]？

A: 按公式 $K_R = \dfrac{B_{IF}}{b}\left(\dfrac{\triangle f_m}{f_m}\right)^2$

b：channel BW (voice)

f_m：specified baseband (f_0 of a channel or top freq of a baseband)

$\triangle f_m$：rms derivation per channel of signal

B_{IF}：$IFBW$

・b：3.1kHz

・f_m：check base signal for FDM/FM at 24 ch, voice $BW = 4k$

$12k + (24) \times 4k = 108k$，$f_m = 108k$。

type	VFC	group extend	guard
group	12k	60～108k *	0.9k

・$\triangle f_m$：rms derivation per channel of signal

FDM/FM RMS Deviation	
Max number of channel	Δf_m(kHz)
12	35
*(24)	*35*
60，120	50/100/200
300，600，960	200
1260	140/200
1800，2700	140

B_{IF}：IFBW

$B_{IF} = 2[\Delta f_{pk} + f_m]$

$\Delta f_{pk} = g \times \Delta f_m \times L$

g：pk/rms for tone derivation = 13.57dB

*g(ratio) $= 10^{\frac{13.57}{10}} = 4.77$

* $\Delta f_m = 35kHz$ (FDM/FM RMS Deviation)

L：load factor

$20 \log L = -15 + 10 \log n$，$n \geq 240$

$20 \log L = -1 + 4 \log n$，$12 \leq n \leq 240$

*$L = 10^{\frac{-1 + 4 \log 24}{20}} = 1.683$ ($n = 24$)

$\Delta f_{pk} = g \times \Delta f_m \times L = 4.77 \times 35k \times 1.683 = 280kHz$

$B_{IF} = 2[\Delta f_{pk} + f_m] = 2[280kHz + 108kHz] = 766kHz$

$K_R = \dfrac{B_{IF}}{b}\left(\dfrac{\Delta f_{rms}}{f_m}\right) = \dfrac{766k}{3.1k}\left(\dfrac{35k}{108k}\right) = 26.35$

・ K_R (dB) $= 10 \log K_R = 10 \log 26.35 = 14.2$dB

工程應用：劃頻分工／調頻(FDM/FM)檢波器

$$\text{增額增益} = \frac{\text{中頻頻寬}}{\text{音頻頻寬}} \times \frac{\text{FDM／FM所在頻道數中的各個信號頻寬變化量}}{\text{FDM／FM所在頻道中基頻最高頻率}}$$

K_R (processing gain) $= \dfrac{B_{IF}}{b} \times \dfrac{\Delta f_m}{f_m}$

其中

1. $B_{IF} = 2[\Delta f_{pk} + f_m]$，$\Delta f_{pk} = g \times \Delta f_m \times L$。

2. $g = 10^{\frac{xxdB}{10}}$ xxdB = pk/rms for tone derivation

3. Δf_m = FDM/FM RMS derivation from table

4. L = load factor $= 10^{\frac{x}{20}}$

   $x = -15 + 10 \log n$，$n \geq 240$

   $x = -1 + 4 \log n$，$12 \leq n \leq 240$

   n：Max number of channel

5. f_m：check base signal for *FDM/FM* at *n* channel from table。

6. *b*：voice *BW* (3.1kHz)

計算 2、3、4 所得代入 1.式中 Δf_{pk} 再加 f_m 得 $\Delta f_{pk} + f_m$，再乘以 2 得 1. B_{IF}，6. *b* = 3.1kHz 為定值，3. Δf_m 由 *FDM/FM RMS* derivation 查表得知，5. f_m 亦由 check base signal for *FDM/FM* at *n* channel 查表得知，以上各項計算所得代入 $K_R = \dfrac{B_{IF}}{b} \times \dfrac{\Delta f_m}{f_m}$，即可算出 *FDM/FM* 檢波器增額增益(processing gain)。

本題最終目的在計算 *FDM /FM* telephony 的 *S/N* 與 *BW*，其中 *BW* 已按題內計算所得為 B_{IF} = 766kHz，而 *S/N* 比再代入 $(S/N)_{dB} = (C/N)_{dB} + 10 \log K_R + P dB + W dB$ 公式，以本題為例，*C/N* = 25dB，K_R = 14.2dB，*P* = 4dB，*W* = 2.5dB，*S/N* = 25 + 14.2 + 4 + 2.5 = 45.7。

* 最終求得 *FDM/FM* telephony *S/N* 與 *BW S/N* = 45.7dB，B_{IF} = 766kHz。

Q143: 試算視頻／調頻(T.V./FM)檢波器增額增益[K_{RV} (T.V. processing gain)]？

A: 按公式 $K_{RV} = 12D^2(D + 1)$

$D = \Delta f / W$

Δf：sine signal of *pk* derivation，9M

W：highest video frequenct，4.2M

$D = \Delta f / W$ = 9M/4.2M = 2.143

$K_{RV} = 12D^2(D + 1) = 12 \times 2.143^2(2.143 + 1) = 173.2$

K_{RV}(dB) = $10 \log K_{RV}$ = 10log173.2 = 22.4dB

工程應用： 與 *FDM/FM* K_R 計算公式需求各項參數比較，TV/*FM* K_{RV} 計算參數簡易很多，只需查驗 Δf：sine signal of *pk* derivation 與 *W*：highest video frequency 資料代入公式即可，由 $D = \Delta f / W$ 式中可瞭解 *W* = 4.2M 為定值，$\Delta f pk$ derivation 愈大，*D* 值愈大，K_{RV} 亦愈大愈有利於提升 *S/N* 值。

本題最終目的在計算 TV/FM S/N，由 $S/N = C/N + 10 \log K_R + P + W$

公式 $\dfrac{C}{N} = 25\text{dB}$，$10 \log K_R = 10 \log 173.2 = 22.4\text{dB}$，$P = 4\text{dB}$

$W = 2.5\text{dB}$，$S/N = 25 + 22.4 + 4 + 2.5 = 54\text{dB}$

最終求得 TV/FM $S/N = 54\text{dB}$。

Q144: 數位通訊系統信號錯率(*PCM BER*)是如何形成的？

A: 信號錯率係由阻抗不匹配所引發，由於反射信號有正相位負相位之別，如係正相位反射經一定時間，正相位反射信號的累積效應，會使原有位置為 0 的信號變為 1。如係反相位反射經一定時間，負相位反射信號的累積效應，會使原有位置為 1 的信號變為 0。這種應為 0 而為 1，應為 1 而為 0 的現象稱之信號傳送錯率(*BER*)，形成的原因係由阻抗不匹配所造成。

工程應用： 信號錯率應從電子裝備中構形基礎電路板路徑與負載阻抗是否匹配做起，一般如路徑(trace)阻抗遠小於負載(load)阻抗，會形成正相位反射，而使原有位置為 0 的信號變為 1，如路徑(trace)阻抗遠大於負載(load)阻抗，會形成反相位反射，而使原有位置為 1 的信號變為 0。

Q145: 數位通訊何時發生錯率？

A: 一般數位通訊在開機運作初始，鮮少發生信號傳送錯率問題。但裝備運作一段時間，因累積因素影響會造成信號錯率問題，信號至負載加上負載回信號時間($2T_d$)如大於下一個脈波信號形成所需時間(T_r)，形成 $2T_d > T_r$

則有因反射波會撞擊到下一個脈波信號，而造成反射波對正在成形的數位脈波信號產生干擾問題。

工程應用： 在信號源至負載加上負載回信號源的時間($2T_d$)大於下一個脈波信號形成所需時間(T_r)的條件下，是否會因反射真正確實造成錯率問題，需再評估路徑與負載阻抗是否匹配問題，如阻抗匹配良好反射量很小不會產生干擾錯率問題，反之阻抗匹配不好反射量很大，則會產生干擾錯率問題。此時需改善路徑與負載間阻抗匹配問題，來降低反射量以減低錯率發生率。

Q146: 試評估高速、中速、低速數位邏輯元件產生錯率的可能性大小？

A: 由 $2T_d > T_r$ 公式是評估邏輯元件是否產生錯率的主因，因為高速原件的工作起始時間(T_r)較快(短)，會使 $2T_d > T_r$ 而造成錯率。反之，低速元件的工作起始時間(T_r)較慢(長)，不會使 $2T_d > T_r$ 而造成錯率。一般高速元件較易產生錯率，一般低速元件較不易產生錯率。至於如果 $2T_d = T_r$ 則需依反射信號大小來觀察是否產生錯率問題。

工程應用： 先行計算 $2T_d$ 時間(信號由信號源至負載與負載回信號源時間)，再查閱邏輯元件規格 T_r (工作起始時間)，比較 $2T_d$ 與 T_r 大小，如 $2T_d > T_r$ 則有錯率之慮，再行瞭解反射信號大小是否會造成錯率問題，如反射信號過大，顯示需改善路徑與負載間阻抗不匹配問題。一般設法降低反射信號大小可改善錯率問題，但如反射信號本身不大，則不會產生錯率問題。如 $2T_d < T_r$ 雖無錯率之慮，但如反射信號過大，雖不會產生錯率問題，但也會產生漣波輕微干擾正常脈波波形，時或嚴重至將干擾正常脈波波形到難以判讀 1 或 0 程度。如有此情況發生，仍需著手從電路板上改善路徑與負載之間阻抗匹配問題。

Q147: 對應數位信號錯率如何控制路徑與負載阻抗匹配問題？

A: 先由路徑與負載之間阻抗不匹配所得反射係數，再由此反射係數代入公式可求得路徑與負載阻抗工作範圍，以此可由已知路徑阻抗為參用標準，可估算負載阻抗變化應控制在何範圍，以此做好阻抗匹配工作，使錯率符合所定規格。

工程應用：設反射係數$(RC) = 0.15$，可控制錯率為10^{-5}，如路徑阻抗為$R_0 = 100$歐姆，試求負載阻抗大小應選在多少大小範圍？

$RC = 0.15$，代入$\dfrac{1+RC}{1-RC} > \dfrac{R_L}{R_0} > \dfrac{1-RC}{1+RC}$。得$1.35 > \dfrac{R_L}{R_0} > 0.74$，如

$R_0 = 100\Omega$，$1.35 > \dfrac{R_L}{100} > 0.74$，$135 < R_L < 74$。

負載阻抗R_L變化範圍應控制在135Ω至74Ω之間，可使反射係數$RC = 0.15$，達到錯率(BER)控制在10^{-5}的需求。

Q148: 如何將類比信號頻寬(BW)與信雜比(S/N)轉換為數位信號容量大小$C(\text{bits/s})$？

A: 按公式$C = BW\log_2(1 + S/N)$，將BW與S/N代入公式即可算出$C(\text{bits/s})$。

工程應用：以音頻$BW = 3.1\text{kHz}$，$S/N = 10^3$為例，代入公式$C = BW\log_2(1 + S/N)$
$= BW \times 3.32\log_{10}(1 + S/N) = 3.1\text{k} \times 3.32\log_{10}(1 + 10^3) = 30.88\text{kbits/s}$。

以類比音頻$BW = 3.1\text{kHz}$，$\dfrac{S}{N} = 10^3(30\text{dB})$代入類比轉數位公式，可得數位信號容量大小$C = 30.88\text{kbits/s}$。

Q149: 對類比信號轉換為數位信號過程中，為何需要對類比信號加以壓縮與伸展？(compressor / expander)

A: 對類比小信號，需加強壓縮細分增加數位化位階，以提升信雜比才能鑑別小信號與雜訊。反之，對大信號因信號大於雜訊易於鑑別信號與雜訊，故不需壓縮細分大信號。而伸展則是在接收端將經壓縮的信號加以還原的一種信號處理方式。

工程應用：經壓縮與伸展處理的信號，可維持在數位通訊所定頻段內，保持信雜比(S/N)為一常數值，也就是保持數位通訊中錯率不受信雜比變化影響，以確保通訊品質符合所定錯率規格範圍。

Q150: 為何非線性壓縮與伸展優於線性壓縮與伸展？

A: 如對大小信號均做等量線性壓縮伸展稱線性壓縮與伸展，對小信號因數位劃分位階不夠，不足以鑑別信號雜訊之間位階差。對大信號因信號大於雜訊甚多，足以鑑別信號雜訊之間位階差，為彌補小信號需採細多位

階劃分，需以非線性方式在處理小信號之時特別強化細分位階，對大信號則以線性方式粗分位階即可，這種對大小信號數位化位階量化不同處理方式，稱之非線性壓縮與伸展。

工程應用：如圖示

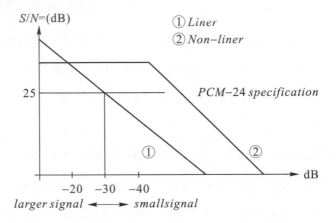

由圖示①linear 模式壓縮伸展中在 larger signal 工作區間，其 *S/N* 均大於 *PCM* － 24 spe 25dB，但在 small signal 工作區間，其 *S/N* 均小於 *PCM*–24 spe 25dB，這也是為何需將①linear 改為②Non-linear 的原因，如圖示②Non-linear 模式壓縮伸展中，不論大或小信號，其 *S/N* 均大於 *PCM*–24 spe 25dB 所定規格。

Q151: 數位信號調變有幾種，其功能性差異為何？

A: 數位信號調變略分四種。

1. 信號強度調變(*ASK*)，調變後形成單極性不歸零數位信號(Unipolar binary *NRZ*)。

2. 信號頻率調變(*FSK*)，依頻率高低不同調變後形成雙極性歸零二進位數位信號(polar binary *NRZ*)。

3. 二進位相位調變(*BPSK*)，依調控連續性相位形成二進位數位信號。

4. 四等分相位調變(*QPSK*)，由調控連續波相位形成二進位四等份數位信號。

工程應用：第一與第二種工作原理簡單不具抑制系統間信息干擾(*ISI*)工作能量，第三與第四種工作原理較為複雜，具有抑制系統間信息(*ISI*)干擾工作能量。

Q152: 雙極向不歸零(polar *NRZ*)與雙極向歸零(polar *RZ*)數位信號工作模式有何不同？

A: 雙極向不歸零因有正負極向變化直流成分為零，但因直流位準會漂移造成解調困難，如連續出現多個 1 或 0 時，則需要由脈波時域線路(bit time *CRt*)核計有多少 1 或 0。而雙極向歸零因 1 與 0 交變時會通過基線(base line)，可明確判讀其間有多少個 1 或 0。

工程應用： 雙極向不歸零(polar *NRZ*)需要脈波時域計數線路，雙極向歸零(polar *RZ*)不需要脈波時域計數線路，但前者每個脈波所佔時間較長，工作頻寬所容脈波波數較少。

Q153: 比較單極向不歸零(Unipolar *NRZ*)與雙極向不歸零(polar *NRZ*)差異性？

A: 單極向不歸零因不越過零位準含有直流成分，而雙極向不歸零(polar *NRZ*)的 1 與 0 變化越過零位準不含直流成分。

工程應用： 單極向不歸零因含直流成分不適用於電話、無線網路、衛星通訊，雙極向不歸零則不受此限制。

Q154: 選用何種數位處理方式可改進數位電路需要時域控制電路與含有直流成分的缺點？

A: 採用相位異相(split phase)方法，因 1 與 0 交變時位於正負極向之間中點處，可明確分辨 1 與 0。同時因 1 與 0 正負極向相反將直流成分消除。

工程應用： 雙極向不歸零(polar *NRZ*)需備脈波時域電路(bit time *ckt*)，核計正確 1 或 0 個數。單極向不歸零(Unipolar *NRZ*)因不越零電位含有直流成分，兩者各有缺點，如採用相位異相(split phase)可同時排除這兩項缺點。

Q155: 試比較單極向不歸零(Unipolar *NRZ*)，雙極向不歸零(polar *NRZ*)，雙極向歸零(polar *RZ*)，相位異相(split phase)，脈波 1、0 之間交變時間(T_b)與頻寬(*BW*)關係？

A: Unipolar *NRZ*，polar *NRZ*，polar *RZ*，split phase，四種 T_b。

parameters type	T_b	R_b	BW
1. Unipolar *NRZ*	T_b	$\dfrac{1}{T_b}$	wide
2. polar *NRZ*	T_b	$\dfrac{1}{T_b}$	wide
3. polar *RZ*	$2T_b$	$\dfrac{1}{2T_b}$	narrow
4. split phase	$2T_b$	$\dfrac{1}{2T_b}$	narrow

T_b：bit internal time
R_b：bit rate
BW：bits capacities

工程應用：第 1 種因有 *DC* 成分不宜應用在音語通話，第 2 種雖無 *DC* 成分，但需時域控制電路以鑑別多少個 1 或 0 脈波數，第 3 種因 1 或 0 均通過基準線可鑑別 1 或 0，故不需時域控制電路，第 4 種數位 1 或 0 均通過中點，可鑑別 1 或 0 亦無 *DC* 成分。比較 1、2、3、4 種，1、2 類均有缺點，但可容納較多脈波數(bits)，3、4 類雖不需時域控制電路，亦無 *DC* 成分，但可容納脈波數(bits)較少。總結如需求較多脈波數，也就是較寬頻寬，選用 1、2 類。如需求較少脈波數，也就是較窄頻寬，選用 3、4 類。

Q156: 試比較四等分極向不歸零(quaternary polar *NRZ*)與雙極向不歸零(polar *NRZ*)兩者工作頻寬關係？

A: quaternary polar *NRZ* 的 *Sym* rate 是 polar *NRZ* 的一倍，每個 bit 所佔 T_{sym} 時間較短，在單位時間內可容納較多 bits 數，故其工作頻寬可比 polar *NRZ* 擴充一倍。

工程應用：數位通訊多向寬容量頻寬需求方向發展，在工程應用中多採用 quaternary polar *NRZ* 數位處理方式。

Q157: 除了相位異相(split phase)有不含 DC 成分與不需時域控制電路優點外，還有那類數位信號處理方式也具有相位異相相同特性？

A: 交變式極向(Alternate mark inversion)因 0 永位於基準點 0 位置，1 為正極向 0 為負極向，按時序依序按正極向為 1、負極向為 0 變化，故不含 DC 成分，因 1、0 變化均通過基準點 0 位置，也不需時域控制電路，以鑑別是 1 或 0 所出現的次數。

工程應用： 交變式極向(Alternate Mark Inversion)功能與相位異相(split phase)相同，比較工作頻寬因 split phase 每一個 bit 所佔時間 T_b 較長，AMI 每一個 bit 所佔時間 T_b 較短，兩相比較 split phase 工作頻寬窄，AMI 工作頻寬較寬。

Q158: 說明類比轉換為數位 M 型位階劃分法？

A: 依公式 $\log_2 M = \log_2 2^n$ $(M = 2^n)$

2：二進位(binary code)，bits。

n：博碼數(number of bits)。

M：位階數(discret levels)，$M = 2^n$。

類比信號可先劃分為 M levels，每一個位階信號大小可以 n bits 表示，範例如 $\log_2 2^7 = \log_2 128$，先將類比信號大小按 128 等分，其間每一位階信號大小可以用七個 bits 排序代表，如信號最小為 0，以 0、0、0、0、0、0、0 代表，最大為 5，以 1、1、1、1、1、1、1 代表餘類推。

工程應用： 將類比信號等分為 M levels，劃分越細，M levels 越多，相對應對信號中雜訊識別能力亦越強，也就是通稱的提升信號 S/N 比。

數位信號含義在對位階信號表達所需博碼數(bits)亦越多，也就是數位工作頻寬亦越寬。

Q159: 比較二進位相位調變(BPSK)與四等分相位調變(QPSK)工作性能差異性？

A: 兩者皆有裝頻道濾波器(BPF)，用於抑制系統間信息干擾(ISI)對數位信號取樣所造成的干擾問題。在工作原理和結構上 QPSK 由兩個 BPSK 所組成，在功能效率上 QPSK 為 BPSK 大一倍，但在裝備運作上 QPSK 遠比 BPSK 複雜很多。

工程應用：為提高功能效率一倍，工程上多採用四等分相位調變(*QPSK*)。

Q160: 如何評估數位系統容量(*C*)與類比系統信雜比(*S/N*)之間關係？

A: 按公式 $C \text{ (capacity)} = B \log_2 \left(1 + \dfrac{S}{N}\right)$，設音頻頻寬 *B* 為 3.1k，類比信號系統信雜比 *S/N* 為 30dB，*S/N* 比值為 10^3。代入以 2 為底對數轉換為以 10 為底對數，$\log_2 \left(1 + \dfrac{S}{N}\right) = 3.32 \log_{10} \dfrac{S}{N}$。原式 $C = B \log_2 \left(1 + \dfrac{S}{N}\right)$ 改為 $C = 3.1\text{k} \times 3.32 \log_{10} 10^3 = 30.876$ kbits/s。

工程應用：由 $C = B \times 3.32 \log_{10} \dfrac{S}{N}$ 公式中，*B* 為音頻頻寬 *B* = 3.1k 為常數值，信雜比 *S/N* 係將類比信號位階分割(discret)越精細，越能分辨 *S* 與 *N* 信號。也就是說將類比(*A*)轉換為數位(*D*)信號處理中，如信雜比(*S/N*)越大，所需位元(bits)亦越多。換言之如 $\dfrac{S}{N} = 40\text{dB}$，$\dfrac{S}{N} = 10^4$，$C = 41.168$ kbits/s。由此比較由 $\dfrac{S}{N} = 30\text{dB}$ 提升到 $\dfrac{S}{N} = 40\text{dB}$，*C* 容量則由 30.876 kbits/s 提升到 41.168 kbits/s。

Chapter

11

直播衛星

Q161: 簡列直播衛星各項功能參數表？

A: 直播衛星功能主分高功率、中功率、低功率三個位階，各項主要參數如表列。

	functional parameters	High *PWR*	Medium *PWR*	low *PWR*
1.	band	*Ku*	*Ku*	*C*
2.	Downlink (GHz)	12.2～12.7	11.7～12.2	3.7～4.2
3.	Uplink (GHz)	17.3～17.8	14～14.5	5.925～6.425
4.	space service	*BSS*	*FSS*	*FSS*
5.	primary intended use	*DBS*	point to point	point to point
6.	Terrestial Interference possible	No	No	Yes
7.	satellite space，degrees	9	2	2～3
8.	satellite space determined by	*ITC*	*FCC*	*FCC*
9.	Adjacent satellite interference possible	No	Yes	Yes
10.	satellite *EIRP* range，dBW	51～60	40～48	33～37

工程應用： 1. Downlink，Uplink 射頻頻寬均為 0.5G(500MHz)，內含左右旋極向各分配 18 頻道，每個頻道 24MHz，計 18 × 24 = 432M，由 500M − 432M = 68M 可求出 18 頻道間間隔頻寬(guard band)為 68/(18 − 1) = 4MHz。

2. Downlink (6GHz)與 Uplink (4GHz)採用不同頻率，是為避免相同頻率電磁干擾耦合問題。

3. (同上)。

4. *BSS* = broadcasting satellite service，*FSS* = fixed satellite service。

5. *DBS* 波束較寬，point to point 波束較窄。

6. *Ku* High *PWR* 因本身工作頻率較高，且信號較強，不易受所在地區干擾源干擾。*Ku* Medium *PWR* 因本身工作頻率較高，且信號亦強，又波束較窄，不易受所在地區干擾源干擾。*C* low *PWR* 因本身工作頻率較低，且信號較弱，較易受所在地區干擾源干擾。

7. *Ku* High *PWR* 衛星間隔需大一些如 9°，以避免干擾鄰近衛星。*Ku* Medium 與 *C* low *PWR* 衛星間隔可近一些如 2°～3°，因係 low *PWR* 不會對鄰近衛星造成干擾問題。

8. *ITC*：International Telecommunication Commission

   FCC：Federal Communication Commission。

9. *Ku* High *PWR* 因與鄰近衛星相距 9°間距夠大，不會造成對鄰近衛星干擾問題。

   Ku Medium *PWR* 與 *C* low *PWR* 因與鄰近衛星相距 2°～3°間距過近，會對鄰近衛星造成干擾問題。

10. High、Medium、low、*PWR* 位準大小按 dBW 大中小排列。

Q162: 如何評估直播家用衛星電視天線增益大小？

A: 常用直播家用衛星電視(*DBS*)天線有二種，一為 *C* 頻段，一為 *Ku* 頻段。*C* 為 4GHz，*Ku* 為 12GHz，兩者均使用拋物面反射體，*C* 為 D = 3m，*Ku* 為 D = 1m(0.6～1.6)，拋物面反射體增益大小可以 $G_r = \left(\dfrac{D}{\lambda}\right)^2$ 公式計算，*C* 與 *Ku* 雖頻段不同，但增益大小相同約為 *G*(dB) = 32。

工程應用： C 為 4GHz，$\lambda = 0.075$m，Ku 為 12GHz，$\lambda = 0.025$m。

代入 $G_r = \left(\dfrac{D}{\lambda}\right)^2$ 公式，D 為天線反射面直徑大小，

$G_r = \left(\dfrac{3}{0.075}\right)^2 = 1600$，$G$(dB) $= 32$，C band。

$G_r = \left(\dfrac{1}{0.025}\right)^2 = 1600$，$G$(dB) $= 32$，Ku band。

直播家用電視(DBS)，雖 C 與 Ku 工作頻段不同，天線增益大小相同。

Q163: 以直播衛星(DBS)為例，衛星有效輻射功率($EIRP$)大小(dBW)與工作頻段關係為何？

A: 一般分高、中、低三個低階，功率大小(dBW)與工作頻段關係如表列，簡要說明如下：

PWR level	High	Medium	low
Band (GHz)，downlink	Ku 12.2～12.7	Ku 11.7～12.2	C 3.7～4.2
satellite EIRP range (dBW)	50～60	40～48	33～37

工程應用： Ku 頻段 $EIRP$ 較高，C 頻段較低，係因高頻空氣衰減大，低頻空氣衰減小，以 C 頻段 4G，Ku 頻段 12G 為例，代入空氣衰減公式，兩者相差約 10dB(20 log 12000 − 20 log 4000)。與上表對照 Ku 與 C 頻段 $EIRP$ 功率比較，Ku 比 C 頻段高約 10dB，以補償空氣衰減 10dB 大致吻合。

Q164: 直播衛星電視(DB)與傳統電視(conventional)接收有何不同？

A: 直播衛星電視由降頻器(LNC)所得低頻 950～1450M，經追蹤濾波器(Tracking filter)選取所需收視頻道，再經降頻(down converter)降至中頻(70MHz)，由調頻(FM)經調幅(AM)將視聽信號送至電視。

傳統電視與直播衛星電視接收信號不同處，在對調幅(AM)信號處理方式，直播衛星按一般調幅方式處理，傳統電視按殘邊旁波帶[$VSSB$(Vestigial single sideband)]調幅方式處理。

工程應用： *DBS* and conventional TV *RCV*

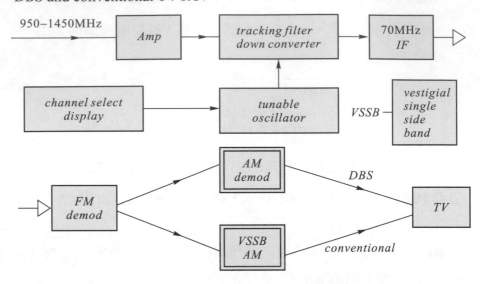

Q165: 單一直播衛星電視與共用直播衛星電視接收系統有何不同？

A: 最簡單觀念認知在單一直播衛星電視為一具天線配置一個電視，共用直播電視為一具天線接收衛星信號，再分配給多個電視用戶。

- 單一直播衛星電視由一具天線配置一個電視天線增益約 30dB 所組成天線後級極化器(polarization diplexer)的左右旋極向用於區隔所含 32 個頻道，每個頻道 24MHz，以避免相互干擾。

- 共用直播電視由一具較大高增益天線接收到衛星信號，由極化器 (polarization diplexer)分左旋與右旋分別送至功率分配器，再由功率器分送至各個用戶。

工程應用： 最簡易區別單一直播衛星電視與共用直播衛星電視的方法，在觀察天線面徑大小，直播衛星電視天線面徑較小，約在 0.3～1.6m，共用直播衛星電視天線面徑較大，約在 2～3m，比較兩者天線增益，前者較小，後者較大。簡易增益大小評估：$f = 12\text{GHz}$，$\lambda = 0.025\text{m}$，直播衛星電視天線 $G(\text{dB}) = 10\log\left(\dfrac{D}{\lambda}\right)^2 = 32\text{dB}$ ($D = 1\text{m}$)，共用衛星電視天線

$$G(\text{dB}) = 10\log\left(\frac{2.5}{0.025}\right)^2 = 40\text{dB} \ (D = 2.5\text{m})。$$

Q166: 以直播衛星(*DBS*)為例,說明 High、Medium、low 三個層次所受干擾情況為何?

A: 以高功率比低功率較不易受干擾原則,*Ku* band (12.2~12.7GHz)屬高功率(50~60dBW),*C* band (3.7~4.2GHz)屬低功率(33~37dBW),*Ku* band 較不易受干擾,*C* band 較易受干擾。

工程應用: 除了大信號高功率要比小信號低功率不受干擾外,另外頻率頻寬相互耦合也是一項重要因素,以地面接收站 *C* 頻段為例,週邊較可能存在 *C* 頻段的電子裝備如雷達、通訊電子系統,但較少見到高至 *Ku* 頻段的電子裝備,因此 *C* 頻段所受週邊其他 *C* 頻段電子裝備的干擾要比 *Ku* 頻段因週邊沒有 *Ku* 頻段電子裝備的干擾高很多。

Q167: 簡述衛星轉發器工作架構流程圖？

A:

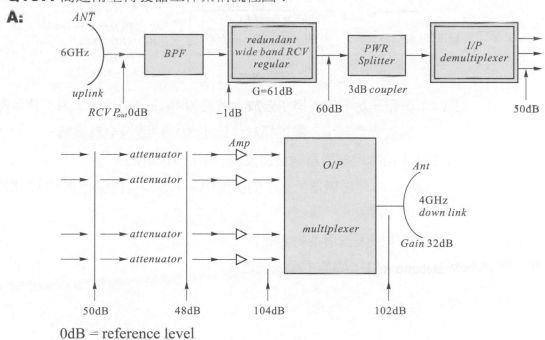

0dB = reference level

工程應用：圖示 RCV P_{out} 0dB 為 reference level，參用衛星接收地面站實際功率
大小為準，如衛星接收來自地球工作站信號為−100dBm，按圖示在
O/P multiplexer 輸出端為(−100) + 102 = 2dBm = 1.58mW，如再經
downlink 4GHz 天線增益 32dB 發射，可得有效輻射功率(*EIRP*)為
2dBm + 32 = 52dBm = 22dBW = 158 watts。

Q168: 簡述衛星轉發器中寬頻接收機(wideband *RCV*)工作架構流程圖？

A:

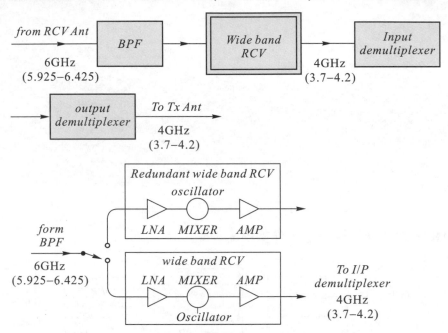

LNA：低雜訊功率放大器主要放大載波頻率(carrier)信號，對其背景熱雜
訊放大量至小，提供極高信雜比(*S/N*)信號送至混波器。

MIXER：由本地振盪器送至混波器功率約 100dBm。

Oscillator：本地振盪器所產生的振盪頻率，需非常精確穩定，且無相位移
雜訊。

Amp：功率放大器增益約 60dB。

Wideband *RCV*：固態主動式裝置。

工程應用： 接收地面站 6GHz 信號，經轉發器再以 4GHz 送回地面站，以此完成
轉發器(transponder)上傳下送(uplink/downlink)工作任務，上傳選用
6GHz，下送選用 4GHz，兩者頻率不同是為了避免如選用相同頻率，
可能產生共振干擾問題。

Q169: 簡述衛星轉發器中輸入頻道分配器(*I/P* demultiplexer)工作架構流程圖？

A:

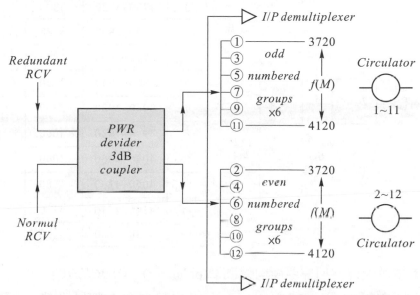

工程應用： 頻道分配器將輸入 3.7～4.2GHz 射頻信號經功率分配器分成兩組，一
為奇數組合，一為偶數組合，每組各 6 個頻道，一個頻道寬 36MHz
外加 4MHz 保護隔離頻寬，共 40MHz，總計轉發器頻寬 500MHz(3.7
～4.2GHz)可涵蓋 40MHz × 12 channels = 480MHz。
備用接收器(Redundant *RCV*)在正常接收器(*RCV*)工作失效時，隨時替
補失效接收器。

Q170: 常用衛星轉發器頻寬 500MHz，其間工作頻段如何分配？

A: 常用 *C* 頻段衛星轉發器(Transponder)頻寬為 500MHz，內分 12 個轉發器，
每個轉發器工作頻段 36MHz，另加區間保護頻道 4MHz，計(36 + 4)MHz ×
12 = 480MHz。

工程應用：如圖 Satellite transformer channels。

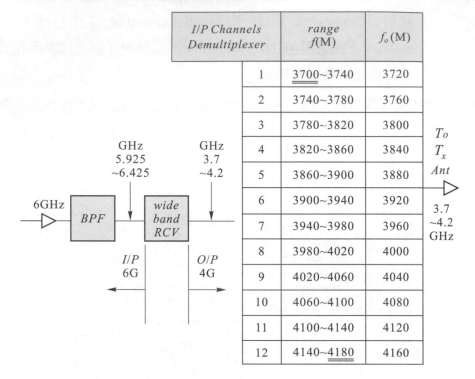

I/P Channels Demultiplexer	range f(M)	f_o(M)
1	3700~3740	3720
2	3740~3780	3760
3	3780~3820	3800
4	3820~3860	3840
5	3860~3900	3880
6	3900~3940	3920
7	3940~3980	3960
8	3980~4020	4000
9	4020~4060	4040
10	4060~4100	4080
11	4100~4140	4120
12	4140~4180	4160

Q171: 衛星天線為何需要極向轉換器(polarizer)？(*RHC/LHC*)

A: 極向轉換器(*RHC/LHC* polarizer)用於界分右旋圖形極向與左旋圖形極向，以避免相互干擾，並可增加工作頻道數，免受頻道過多頻寬不夠分配產生頻道重疊的現象。

工程應用：以家用直播衛星 *Ku* 頻段為例，*Ku* 含 12.2 至 12.7GHz，其間 500MHz 分佔 20 個 TV 頻道，每個頻道 24MHz，在實務中常有頻道相互重疊現象，如將頻道分置右與左旋圖形極向，可避免重疊相互干擾問題。另於家用電視地處建築物林立之處，因電磁波下送經建築物反射，不宜使用線性水平或垂直極向，需改用圓形極向以增收視效益。

Q172: 如何增加轉發器可容納更多工作頻段？

A: 按原有 500MHz 可分配 12 個工作頻段，如將原頻率可重覆使用而不產生干擾問題，則可容納更多工作頻段。根據不同極向信號可在同一頻段內工作而不會產生干擾問題的原理，可做到增加工作頻段的目的，此稱頻率重覆使用(Frequency Reuse)。

工程應用：一般極向分線性水平與垂直，圓形分左旋與右旋，如將原信號以線性
水平與垂直分別處理可將原 12 工作頻道增為 24 頻道，如再加圓形左
旋與右旋處理可增至 48 頻道，以量化觀點形同原 500MHz 頻寬增至
四倍 2000MHz。

Q173: 說明衛星上轉發器(Transponder)頻率頻寬 36MHz 緣由？

A: 由 $IFBW = 2(\Delta f + f_m)$ 公式定義，

Δf：調變基頻(baseband)所示載波最大頻率變化量(pk carrier derivation)。

f_m：基頻信號最高頻率。

D：Δf 對 f_m 比值，$D = \dfrac{\Delta f}{f_m}$ (derivation ratio)。

範例說明： $f_m = 4.2M$，$D = 3.28$

$\Delta f = D \times f_m = 3.28 \times 4.2M = 13.776M$

代入 $IFBW = 2(\Delta f + f_m) = 2(13.776 + 4.2)MHz = 36MHz$

工程應用：轉發器的 $IFBW$ 視載波最大頻率變化量 $\Delta f (pk$ carrier derivation)對基
頻信號最高頻率(f_m)比值 $\Delta = \dfrac{\Delta f}{f_m}$ 大小而定，D 愈大 $IFBW$ 愈寬，D 愈

小，$IFBW$ 愈窄。

Q174: 由已知視頻頻帶 4.2MHz 用於載波調頻，如調變指數(derivation ratio)為
2.56，如何計算此信號中頻頻寬($IFBW$)？

A: 依公式 $D = \Delta f / f$ (derivation ratio)

$IFBW = 2(\Delta f + f)$

$\Delta f = D \times f = 2.56 \times 4.2M = 10.752M$

$IFBW = 2 \times (10.752 + 4.2) = 29.9MHz$。

工程應用：中頻頻寬($IFBW$)視調變基頻(baseband)所示載波最大變化量(pk carrier
derivation，Δf)與視頻頻帶(f_m)而定。衛星轉發器 $IFBW$ 為 36MHz，
即按此式計算

$\Delta f = D \times f_m = 3.28 \times 4.2M = 13.776M$

$IFBW = 2(13.776 + 4.2)M = 36MHz$。

Q175: 已知由衛星待傳送地面工作站 $QPSR$ 信號所經 Raised cosine filter 的 roll of factor = 0.2，空間傳送衰減為 200dB，地面站 G/T = 32dB/K，轉發器工作頻寬為 36MHz，如定數位信號傳送錯率定為 $P(BER) = 10^{-5}$，試求衛星輻射功率(dBW)需求大小？

A: 依公式

$$EIRP = \frac{C}{N} + \text{space att} - G/T + K = \left(\frac{E_b}{N_0} + R_b\right) + \text{space att} - G/T + K$$

$$\left(\frac{C}{N} = \frac{E_b}{N_0} + R_b\right)$$

由 $P(BER) = 10^{-5}$ 查知 $\frac{E_b}{N_0} = 9.6\text{dB}$，

$$R_b = \frac{2B}{1+\rho} = \frac{2 \times 36\text{MHz}}{1+0.2} = 72 \times 10^6$$

- $R_b(\text{dB}) = 10\log72 \times 10^6 = 78.57\text{dB/s}$
- space att = 200dB
- G/T = 31dB/K
- $K = -228\text{dB}$

代入 $\frac{C}{N_0}$ 運算

$$\frac{C}{N_0} = 9.6 + 78.57 + 200 - 31 + (-228) = 29.17\text{dBW} = 30\text{dBW}。$$

工程應用： 衛星轉發器輻射功率大小約 30dBW，相當於 1kW 而 1kW 係包括天線增益，如天線增益為 20dB，由 30dBW = 20dB + 10dBW，轉發器的輸出功率為 10dBW，相當於 10W。(10dBW = 10log10W)。

Q176: 簡述錯率(*BER*)形成成因與防治工作重點？

A: 錯率形成原因起自最基本的電路板，因路徑(trace)與負載(load)阻抗不匹配所引起，而此項阻抗不匹配所引起的數位信號 1 與 0 的錯置一般可分為兩種，一由正反射所產生的原應為 0 而錯置為 1，一由負反射所產生的原應為 1 而錯置為 0，前者稱之 overshoot 後者稱之 undershoot。防治工作重點在做好路徑與負載間終端阻抗匹配工作，減小此項反射量自然不會產生錯率問題。

工程應用： 一般錯率發生時間均在開機運作一段時間後瞬時產生錯率，此處所稱瞬時係指反射信號經一段時間疊積後，形成 overshoot(正反射)或 undershoot(負反射)的錯率現象。簡言之可由開機時間後多久時間產生錯率現象，來觀察阻抗匹配好壞情況。如開機不久很快產生錯率，表示阻抗匹配情況極差，如開機運作很久以後才發生錯率，表示阻抗匹配情況尚可，當然如無錯率表示阻抗匹配情況最佳。

Q177: 為何高速數位元件較易產生錯率？低速數位較不易產生錯率？

A: 是否產生錯率除了檢視路徑與負載阻抗是否匹配以外，另一項有關時域因素也是重要因素，也就是比較信號源至負載，再由負載回信號源的反射信號是否與信號源信號相遇。如果未相遇不會影響信號源的傳送，如果相遇將會影響到信號源的傳送，也就是說如是高速，信號行進時間極短，造成撞擊到信號源信號的機率會降低，而不會造成干擾形成錯率問題，反之如是低速信號行進時間較長，造成撞擊到信號源信號的機率會升高，而會造成干擾形成錯率問題。

工程應用：範例說明

T_d：信號在 ε 值電路板上每公分信號行進所需時間，$T_d = \dfrac{\sqrt{\varepsilon}}{30}$ ns/cm。

l：信號至負載路徑長度，cm。

$2T_d$：信號至負載往返信號行進所需時間，ns。

ε：電路板介質常數值。

設 $\varepsilon = 4$，$l = 15$cm，T_r：component risetime

$T_d = \dfrac{\sqrt{\varepsilon}}{30} = \dfrac{\sqrt{4}}{30} = 0.066$ns/cm

$T_d \times l \times 2 \times = 0.066 \times 15 \times 2 = 2$ns

speed ＼ Parameters	T_r (ns)	$T_d \times l \times 2$ (ns)	$T_d \times l \times 2$ v.s. T_r	EMI EMC	BER
H	< 1	2	$2 > 1$	EMI	yes
M	$1\sim3$	2	$1 < 2 < 3$	EMI EMC	yes No
L	> 3	2	$2 < 3$	EMC	No

由表中資料顯示高速(H)較易產生 BER，中速(M)次之，低速(L)則較不易產生 BER。

Q178: 試說明錯率(*BER*)對應射頻信雜比(*C/N*)變化情況？

A: 如圖示錯率(*BER*)對應射頻信雜比 *RF*(*C/N*)dB。

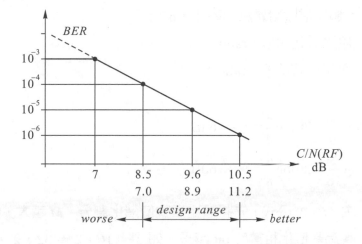

工程應用：一般 *RF*(*C/N*)dB 要求在 8.5～10.5dB 之間，相當於 *RF*(*C/N*)信雜比 8.5dB(*C/N* = 7.0)、9.5dB(*C/N* = 8.9)、10.5dB(*C/N* = 11.2)。在衛星通訊中，*c* 指由衛星傳送至地面接收站的射頻信號功率強度，因行經距離至遠衰減至大，相對應於地面環境雜訊 *N* 功率的 *C/N* 比值不是很大，*C/N* 約在 7 至 11.2 之間。

Q179: 試列舉信號數位化位階(*M* level)對應信號信雜比(*S/N*)情況？

A: *M* level 對應 *S/N* 列表比較

M	*n*	$\dfrac{P_s}{P_n}$	(S/N) dB	Difference (dB)
2	1	12.58	11	0
4	2	50	17	±6
8	3	200	23	±6
16	4	794	29	±6
32	5	3162	35	±6
64	6	12589	41	±6
128	7	50118	47	±6
256	8	199526	53	±6

M：信號位階量化數，integer。

n：信號位階脈波數，bits。

S/N：類比信號對雜訊功率比，dB。

P_s：類比信號功率，ratio。

P_n：雜訊信號功率，ratio。

$M = 2^n$。

$$20\log\frac{16}{8} = 20\log\frac{8}{4} = \cdots = +6\text{dB}$$

$$20\log\frac{8}{16} = 20\log\frac{4}{8} = \cdots = -6\text{dB}$$

工程應用： 由 $M = 2^n$ 公式，先將類比信號位階化劃分，M 越大，信號劃分越細，轉為數位化相當於 bit 越多。如 $2^4 = 16$，$2^5 = 32$，$2^6 = 64$，…，相對應 (S/N)dB 亦越大，信號對信號與雜訊鑑別能力亦越強。信號品質依此項功能得以提升，由於 n(bits)數越多，用以表達將類比信號轉為數位信號的數位化信號 bits 總量隨之大增，因此數位化信號的處理能量逐向高容量需求方面發展，由於每一 bit 所佔用的時間至短(ns)，其衍生的副作用在產生寬頻段雜訊。需以各種方法如結合(bonding)、濾波(filtering)、接地(grounding)、隔離(shielding)、佈線(wiring)加以防制。

Q180: 說明數位通訊錯率與傳導雜訊比之間關係？(*PCM BER* v.s. *S/N*)

A: 由 *S/N* 比值大小代入錯率公式 $erf\left(\dfrac{1}{2\sqrt{2}} \times \dfrac{S}{N}\right)$，再由查表得知 *PCM BER* 大小。

範例說明： *BER* 計算公式如下

$$BER = \frac{1}{2}\left[1 - \left(1 - erf\,\frac{1}{2\sqrt{2}}\frac{S}{N}\right)\right] = \frac{1}{2}\left[erf\left(\frac{1}{2\sqrt{2}} \times \frac{S}{N}\right)\right]。$$

由 $S/N = 7.4$，查知 $erf\left(\dfrac{1}{2\sqrt{2}} \times 7.4\right) = 2 \times 10^{-4}$。

代入 $BER = \dfrac{1}{2}\left[erf\left(\dfrac{1}{2\sqrt{2}}\dfrac{S}{N}\right)\right] = \dfrac{1}{2} \times 2 \times 10^{-4} = 10^{-4}$

$BER = 10^{-4}$。

工程應用：參閱 S/N，$(S/N)_{dB}$ 對應 BER 表。

S/N	S/N (dB)	$erf\left[\dfrac{1}{2\sqrt{2}}\dfrac{S}{N}\right]$	BER
7.4	17.38	2×10^{-4}	10^{-4}
9.44	19.49	2×10^{-5}	10^{-5}
11.20	20.98	2×10^{-6}	10^{-6}
14.10	23.00	2×10^{-7}	10^{-7}

Q181: 如何將類比信號轉換爲不經零數位信號(non-return zero)或經零數位信號(return zero)所需頻寬？

A: 以音頻 4kHz 爲例，對 non-return zero 爲 4kHz，對 return zero 爲例爲 2kHz。由查表得知 M，n，$PCM\,BW$ 之間關係。

M	n	PCM BW
2	1	$2B$
4	2	$4B$
8	3	$6B$
256	8	$16B$

M：number of quantizer level

n：length of PCM word，bits

B：I/P Analag BW

對 Return zero (RZ)，

　　$PCM\,BW = 16B = 16 \times 2\text{kHz} = 32\text{kHz}$。

對 Non Return zero (NRZ)，

　　$PCM\,BW = I/P$ Analag $BW \times \log_2 2^n = 4\text{kHz} \times \log_2 2^8 = 32\text{kHz}$。(at $n = 8$)

工程應用：當以音頻 4kHz 爲例，以 Non-return zero 或 Return zero 方式，參用 M，n，$PCM\,BW$ 對照表，以不同數位化 Non-return zero 或 Return zero 方式處理，代入不同公式計算所得 $PCM\,BW = 32\text{kHz}$ 均相同。

Q182: 試述錯率對應量化位階、信雜比、位元數關係？

A: 由 1. M(量化位階)，number of quantizer level，2. S/N (接收類比信號對量化雜訊功率之比)，Analog Signal to quantizing noise PWR ratio，3. n(位元數)，bits。三項參數相互關係，可得

$$\frac{S}{N}=\frac{3M^2}{1+4(M^2-1)\times BER}\ ,\ M=2^n\ \cdots(1)$$

$$BER=\frac{3M^2-\dfrac{S}{N}}{\left(4\times\dfrac{S}{N}\right)(M^2-1)}\ ,\ M=2^n\ \cdots\ (2)$$

工程應用： 按上列公式理論值，$3M^2=\dfrac{S}{N}$ 代入(2)，$BER=0$。

實務值，$3M^2>\dfrac{S}{N}$，$BER>0$。

e.g. $3\times4^2=48>47.71$，$M^2=4^2$，$\dfrac{S}{N}=47.71$。

$$BER=\frac{3\times M^2-\dfrac{S}{N}}{\left(4\times\dfrac{S}{N}\right)(M^2-1)}=\frac{3\times4^2-47.71}{(4\times47.71)(4^2-1)}=10^{-4}$$

有關 M、n、S/N、BER 數據資料如表列供參用。

n	$M = 2^n$	$3M^2$	S/N (ratio)	S/N (dB)	BER
*2	4	48	47.71	*16.78	10^{-4}
3	8	192	191.51	23.82	10^{-5}
4	16	768	763.32	28.82	10^{-6}
*5	32	3072	3070.74	*34.87	10^{-7}
6	64	12288	12285.98	40.89	10^{-8}
7	128	49152	49148.77	46.91	10^{-9}
8	256	196608	196602.84	52.93	10^{-10}

常用數位信號通訊錯率需求規格範圍在 $BER=10^{-4}$ 至 $BER=10^{-7}$，相對應數位通訊裝備系統 S/N 應達到 16～34dB 之間。

Q183: 如何依數位錯率公式計算錯率(BER)？

A: 依公式 $P(BER) = 1/2 \, erfC \sqrt{\dfrac{E_b}{N_0}}$ 。

E_b：接收信號總功率

= P_R 接收信號平均功率 $\times \, T_b$ 二進位博碼時間$(P_R) \times (T_b)$。

N_0：雜訊功率密度$(m_j，\mu_j)$。

$erf\,C$：錯率補正函數(complementary error function)。

$erfC \sqrt{x} = 1 - erf \sqrt{x}$ ，由已知 $erf \sqrt{x}$ 數值，可在統計學圖表中查知 $erf \sqrt{x}$ 數值。

工程應用：範例說明

已知：$P_R = 10\text{mW}$，$T_b = 100\mu s$，$N_0 = 0.1\mu j$

求證：$P(BER)$

解題：$P(BER) = \dfrac{1}{2} erfC \sqrt{x} - \dfrac{1}{2}[1 - erf \sqrt{x}]$

$E_b = P_R \times T_b = 10\text{mW} \times 100\mu s = 10^{-6}$

$N_0 = 0.1\mu j = 0.1 \times 10^{-6} = 10^{-7}$

$\sqrt{x} = \sqrt{\dfrac{E_b}{N_0}} = \sqrt{\dfrac{10^{-6}}{10^{-7}}} = \sqrt{10}$ ，$x = PWR$ ratio。

代入 $P(BER) = \dfrac{1}{2} erfC \sqrt{x} = \dfrac{1}{2}[1 - erf \sqrt{x}]$

由統計學查表得知 $erf \sqrt{x} = erf \sqrt{10} = 1 - 8 \times 10^{-6}$

求得 $P(BER) = \dfrac{1}{2}[1 - (1 - 8 \times 10^{-6})] = 4 \times 10^{-6}$

其他 $erf \sqrt{x} = erf \sqrt{\dfrac{E_b}{N_0}}$ 對應 BER 如表列供參閱。

$\left(\dfrac{E_b}{N_0}\right)_{dB}$	$x = \left(\dfrac{E_b}{N_0}\right)_r$	$1 - erf\sqrt{x}$	BER
4	$10^{\frac{4}{10}} = 2.5$	$1 - 2 \times 10^{-2}$	10^{-2}
7	$10^{\frac{7}{10}} = 5.0$	$1 - 2 \times 10^{-3}$	10^{-3}
8.5	$10^{\frac{8.5}{10}} = 7.07$	$1 - 2 \times 10^{-4}$	10^{-4}
9.6	$10^{\frac{9.6}{10}} = 9.12$	$1 - 2 \times 10^{-5}$	$*10^{-5}$
10	$10^{\frac{10}{10}} = 10$	$1 - 8 \times 10^{-6}$	4×10^{-6}
10.5	$10^{\frac{10.5}{10}} = 10.5$	$1 - 2 \times 10^{-6}$	10^{-6}
11.5	$10^{\frac{11.5}{10}} = 14.12$	$1 - 2 \times 10^{-7}$	$*10^{-7}$

E_b：$P_R \times T_b$

E_b：Received Signal total PWR

*$BER = 10^{-5}$ 至 10^{-7} 列為工程設計實務應用範圍

T_b：bit occupied time

$erfC$：Complementary error function

BER：bit error rate

P_R：Received individual bit PWR

Q184: 試簡易推導連續波信雜功率比(C/N_0)與博碼信號信雜功率比(E_b/N_0)之間關係式？

A: 參用各參數定義代入公式推導可得$(C/N_0)_{dBHz} = (E_b/N_0)_{dB} + dB\ bit/s$。

C：Av carrier PWR

N_0：noise PWR density

E_b：Av bit energy

P_R：Av carrier PWR at $RCV = C$，$(P_R = C)$

R_{sym}：Symbols / second

m：each symbol contains in bits，bits/symbol

R_b：bits rate，$R_b = m \times R_{sym}$

$P_R = E_b \times R_b$，$E_b = \dfrac{P_R}{R_b}$，$(P_R = C)$

$$E_b/N_0 = \dfrac{P_R}{R_b}/N_0 = \dfrac{P_R}{N_0}/R_b = \dfrac{C}{N_0}/R_b \quad \left(E_b = \dfrac{P_R}{R_b}, P_R = C \right)$$

$C/N_0 = E_b/N_0 \times R_b$

*(C/N_0)$_{dBHz}$ = (E_b/N_0)$_{dB}$ + dB bits/s 。

工程應用： 由 $C/N_0 = E_b \times R_b/N_0$，$P_R = E_b \times R_b$，$P_R = C$，$C = E_b \times R_b$

得 $C = E_b \times R_b = P_R$ (Av carrier PWR at RCV)

在 RCV 端所收到的全部平均載波功率大小($P_R = C$)等於每個脈波能量(E_b)乘以總脈波數(R_b)，如 R_b 越多，E_b/N_0 為定值，C/N_0 越大。

換成以對數關係表示

(C/N_0)$_{dHz}$ = (E_b/N_0)$_{dB}$ + dB bits/s 。

Q185: 實務上如何應用(C/N_0)$_{dBHz}$ = (E_b/N_0)$_{dB}$ + dB bits/s 公式評估錯率規格？

A: 經查 $P(BER) = 10^{-5}$ 相當於(E_b/N_0)$_{dB}$ = 9.6，此為理論值設計數據需求，實務上，需略提升(E_b/N_0)$_{dB}$ 值，才能克服濾波損益，達到符合原定(E_b/N_0)$_{dB}$ = 9.6，$P(BER) = 10^{-5}$ 規格需求。因濾波器濾除雜訊 N_0 有其頻寬限制，唯有提升 E_b 以使(E_b/N_0)$_{dB}$ 值提升，才能達到原定 $P(BER) = 10^{-5}$ 規格需求。

工程應用： 一般按理論設計(E_b/N_0)$_{dB}$ = 9.6，$P(BER) = 10^{-5}$，為補償濾波器對雜訊寬頻 N_0 濾波效益有所限制，需提升(E_b/N_0)$_{dB}$ 至 9.6 + 2 = 11.6 左右，也就是按(E_b/N_0)$_{dB}$ = 11.6，$P(BER) = 10^{-7}$ 設計需求，加上濾波器損益，才能符合(E_b/N_0)$_{dB}$ = 9.6，$P(BER) = 10^{-5}$ 的實務需求。

Q186: 說明類比信號信雜比(S/N)與數位信號錯率 $P(BER)$對應關係？

A: 公式 $S/N = Q^2 / (1 + 4Q^2 \times P)$，$Q = 2^n$。

S/N：Analog Signal S/N ratio

P_e：BER

Q：number of quantized levels，$Q = 2^n$

n：number of bits per sample，$Q = 2^n$

E_b：Av bit energy

N_0：noise PWR density

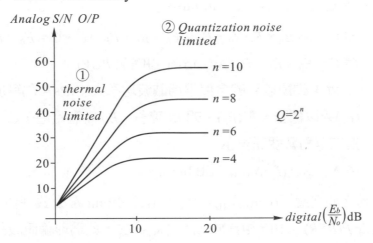

工程應用：由 $\dfrac{S}{N} = \dfrac{Q^2}{1 + 4Q^2 P_e}$ ， $Q = 2^n$ 　　　$(P_e = BER)$

可改為 $BER = \dfrac{Q^2 - \dfrac{S}{N}}{4 \times \dfrac{S}{N} \times Q^2}$

由 n (number of bit per sample)越大，信號取樣越細，$(Q = 2^n)$。$Q^2 = 2^{2n}$ 越大對應 Analog S/N OP 亦越大，由上式分子部份 Q^2 與 S/N 皆呈線性變化，$Q^2 - \dfrac{S}{N}$ 可視為一常數定值，而分母部份則因 $\dfrac{S}{N}$ 與 Q^2 皆增大而使分式 BER 減小，可達到降低 BER 的效果。

Q187: 簡述改善數位信號錯率實務方法？

A: 由 $C/N_0 = E_b/N_0 + R_b$ 公式所示，可藉由提升 C/N_0 或 $E_b/N_0 + R_b$ 均可改善錯率，其中提升 C/N_0 尤以提升 C (carrier *PWR*)涉及全系統射頻設計，而提升 E_b/N_0 中 R_b 中與 N_0，涉及提升較高邏輯元件工作電壓(E_b)，及選用較低雜訊元件(N_0)有關。而只有提升 R_b (bit rate)較易可行，但也常受數位信息系統容量限制(bits)。

工程應用： 由於提升 C/N_0、E_b/N_0、R_b 雖屬積極作法均可改善錯率，但這些作法需考量到工程設計改進困難及成本效益。消極作法可另採補助方式改進，如備份博碼(Redundant bits)、偵錯博碼(error detecting code)、重置博碼(Auto repeat request for retransmission)、前置修定博碼(forward error correcting code correction take place without retransmission in need)、錯碼偵測修定(difference error detecting and error correcting code)。

Q188: 如何評估系統間(inter system)與系統內(intra system)干擾？

A:　　1. 系統間干擾係指原發射與接收系統正常工作時，因週邊存有干擾源，其干擾信號強度和頻率頻寬是作為評估分析最重要兩項因素，如果接收源的頻率頻寬與干擾源的頻率頻寬完全一致稱之完全耦合，以 log 單位表示為 0dB(20 log 1 = 0dB，10 log 1 = 0dB)，此時對受害源在射頻級(*RF*)的評估工作，只要比較發射至接收的信號強度和干擾源至接收源的信號強度，如果前者大於後者 10dB 以上，常稱無干擾(*EMC*)，如前者略同後者常稱或有或無干擾(*EMI/EMC*)，如前者小於後者 10dB 以上，常稱有干擾(*EMI*)。換言之系統間是否有干擾，就是比較干擾源耦合至接收源的信號強度大小，對接收源射頻級位準是以接收源的射頻靈敏度規格為準，而干擾源干擾信號強度大小視理論評估實務量測情況而定。

　　2. 系統內干擾係指干擾源信號進入接收源射頻後，對射頻級後級本地振盪器、混波器、中頻、音頻、類比轉數位、數位轉類比、解調器、電

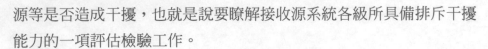

源等是否造成干擾，也就是說要瞭解接收源系統各級所具備排斥干擾能力的一項評估檢驗工作。

工程應用： 評估接收源是否受干擾需綜合系統間與系統內二項結果，一般先評估系統間是否有干擾存在可能性，如無干擾，通常不需進一步評估系統內抗干擾能力，可視為全系統無干擾(EMC)。如系統間有干擾存在，則需進一步評估系統內抗干擾能力，再觀察接收源系統內是否受到干擾，如系統間或有或無干擾存在，亦需進一步評估系統內抗干擾能力，以確認接收源是否受到干擾。

有關評估工作量化以 dBm 為準，評估工作項目含信號強度與頻率頻寬兩大項，信號強度所涉電性參數，如發射機、功率放大器功率大小、發射天線、接收天線、干擾源天線增益大小、空間信號衰減、接收源射頻靈敏度、接收源全系統信雜比、天線場型耦合量、極向耦合量，所涉物性參數如相對距離、位置高低、天線固定式或轉動式、週邊環境是否存在大型反射體等。

- 頻率頻寬所涉中心頻率差距與射頻頻寬兩項耦合量，對接收源頻率頻寬干擾耦合模式又可分三種，1.接收機頻道內混附波(IMI)干擾，2.接收機鄰近頻道雜訊(cross modulation)干擾，3.接收機頻道外雜訊(Rejection of undesired signal)干擾。

- 一般程序將信號強度與頻率頻寬耦合量所得量化值，與接收源射頻靈敏度比較，可評估系統間(inter)是否受干擾，再與接收源抗干擾能力比較，可評估系統內(intra)接收源是否受干擾。

Q189: 試簡述分析地面工作站附近干擾源對接收站信號接收影響？

A: 按一般接收信號裝備系統皆定有 S/N 規格，在正常情況下接收信號均按所定 S/N 規格運作，如另有干擾源(I)介入，會使 $\dfrac{S}{N}$ 比因 I 介入使原有 $\dfrac{S}{N}$ 比值變成 $\dfrac{S}{N+I}$ 比值，其中因分母 N 增大為 $N+I$，而使原有 $\dfrac{S}{N}$ 比值變小，

也就是說在射頻級的雜訊變大($N + I$)，從而影響到原有 S/N 比值，如 $I = 0$，$\dfrac{S}{N} = 30$，$I \neq 0$，$\dfrac{S}{N} = 20$，顯見 $I = 0$ 時 $\dfrac{S}{N} = 30$ 較好，$I \neq 0$，$\dfrac{S}{N} = 20$ 較差。

工程應用：$\dfrac{S}{N}$ 比值對系統間(inter system)而言，係指射頻級靈敏度($S = N$)，如

$N = -90\text{dBm}$，意義是說 $S = N = -90\text{dBm}$，接收信號強度(S)需大於雜訊(N) -90dBm 以上才能收到信號，$\dfrac{S}{N}$ 比值對系統內(intra system)而言

係指接收裝備系統的抗干擾性工作能量。

假使系統間(inter)射頻級信號靈敏度 $S = N = -100\text{dBm}$，進入系統內 (intra)抗干擾性信雜比 $\dfrac{S}{N} = 30$ 或 $\dfrac{S}{N} = 40$，如以 $\dfrac{S}{N} = 30$，$S - N = S - (-100) = 30$，$S = -70$。如以 $\dfrac{S}{N} = 40$，$S - N = S - (-100) = 40$，$S = -60$。

比較 $\dfrac{S}{N} = 30$、$S = -70$，$\dfrac{S}{N} = 40$、$S = -60$。因 $\dfrac{S}{N} = 40 > \dfrac{S}{N} = 30$ 對應 $S = -60 > S = -70$，顯見 $\dfrac{S}{N} = 40$，$S = -60$，要比 $\dfrac{S}{N} = 30$，$S = -70$ 抗干擾性要強一些($-60 > -70$)。(S 越大，抗干擾性越強)

Q190: 如何簡化處理地面工作站附近所存在的干擾源？

A: 因地面工作站所接收遠在 36000km 衛星的信號是非常微弱(μV)，如附近週邊有干擾源近在咫尺，勢必造成對地面接收站干擾。最簡便的處理方法是將地面工作站搬移遠離干擾源，或是將干擾源搬移遠離地面工作站。這樣不觸及為避免干擾需要調整諸多兩者電性參數問題，而只需就物性參數如搬移位置增大相距距離，利用空間對電磁波衰減的功能可減低干擾源對地面工作站的干擾。

工程應用：依據近遠場臨界距離定義，比較干擾源 $\dfrac{\lambda}{2\pi}\left(\dfrac{\lambda}{6}\right)$ 距離與地面工作站 $\dfrac{2D^2}{\lambda}$ 距離，選兩者較大值的距離定為遠場距離，並以此距離為準定為 1(Normalized)，取 $\log 1 = 0\text{dB}$。而後距離每增一倍，按輻射場強強度

遞減公式 $20\log\dfrac{1}{2} = -6\text{dB}$，或按輻射場強功率遞減公式 $10\log\dfrac{1}{2^2} = -6\text{dB}$，餘類推如下表供參閱。

distance(ratio)	1	2	4	8	16	32	64	128
signal decay (dB)	0	−6	−12	−18	−24	−30	−36	−42

實務應用案例：λ：干擾源頻率波長，D：工作站天線面徑大小

1. 比較 $d = \dfrac{\lambda}{2\pi}$ 與 $d = \dfrac{2D^2}{\lambda}$

   選較大值如為 $d = 10\text{m}$，定為 1，$P = -50\text{dBm}$。

2. 按上表：

   - $d = 20\text{m}$ $P = (-50) + (-6) = -56\text{dBm}$
   - $d = 40\text{m}$ $P = (-56) + (-6) = -62\text{dBm}$
   - $d = 80\text{m}$ $P = (-62) + (-6) = -68\text{dBm}$

   干擾源自 $d = 10\text{m}$，$P = -50\text{dBm}$，移至 $d = 80\text{m}$，$P = -68\text{dBm}$，此時如干擾源未對工作站造成干擾，$d = 80\text{m}$ 即為所需搬移距離。

Q191: 如何界定射頻干擾量 $\left(\dfrac{C}{I}\right)_{ANT}$ 與接收機射頻干擾量 $\left(\dfrac{C}{I}\right)_{pb}$ 及其相互間關

係？pb：pass band，ANT：Antenna。

A: 按公式 $\left(\dfrac{C}{I}\right)_{pb} = \left(\dfrac{C}{I}\right)_{ANT} + Q$。其中 Q 定義為檢視有多寬干擾信號頻寬進入

射頻接收機頻寬，如果僅有部份干擾信號進入接收機頻寬，Q 定義為 $Q < 1$，$[Q] < 0\text{dB}$。如果全部干擾信號進入接收機頻寬 $Q = 1$，$[Q] = 0\text{dB}$。

工程應用：當 $Q < 1$，$[Q] < 0\text{dB}$ 與 $Q = 1$，$[Q] = 0\text{dB}$ 對接收機 $\left(\dfrac{C}{I}\right)_{pb}$ 比值大小，

按公式

$Q < 1$，$[Q] < 0\text{dB}$，$\left(\dfrac{C}{I}\right)_{pb} = \left(\dfrac{C}{I}\right)_{ANT} - x\text{dB}$ $\cdots$ (1)

$Q = 1$，$[Q] = 0\text{dB}$，$\left(\dfrac{C}{I}\right)_{pb} = \left(\dfrac{C}{I}\right)_{ANT} + 0\text{dB}$ $\cdots$ (2)

說明(1)部份干擾信號進入接收機工作頻寬所得 $\left(\dfrac{C}{I}\right)_{pb}$ 要比(2)全部干擾信號進入接收機工作頻寬所得 $\left(\dfrac{C}{I}\right)_{pb}$ 要高一些，也就是表示(1)比(2)情況為好，因 (1) $\left(\dfrac{C}{I}\right)_{pb}$ > (2) $\left(\dfrac{C}{I}\right)_{pb}$，表示在接收機工作頻段 [$PB$(passband)]輸出端所顯示 $\left(\dfrac{C}{I}\right)_{pb}$ 比值，在接收機僅收到干擾信號部份頻段時 $\left(\dfrac{C}{I}\right)_{pb}$ 比值較大，而接收機收到干擾信號全部頻段時 $\left(\dfrac{C}{I}\right)_{pb}$ 比值較小，如圖示。

$$ANT \quad \left(\frac{C}{I}\right)_{ANT} \quad \boxed{\begin{array}{c} RF \\ RCV \end{array}} \quad \left(\frac{C}{I}\right)_{pb}$$

$Q<1,\ \lceil Q \rceil < 0\text{dB } EMI\ partial\ coupling$

$Q=1,\ \lceil Q \rceil = 0\text{dB } EMI\ full\ coupling$

$$Q < 1 \ , \ \left(\frac{C}{I}\right)_{pb} = \left(\frac{C}{I}\right)_{ANT} + (-x\text{dB}) = \text{high (better)}$$

$$Q = 1 \ , \ \left(\frac{C}{I}\right)_{pb} = \left(\frac{C}{I}\right)_{ANT} + (0\text{dB}) = \text{low (worse)}$$

Q192: 如何界定射頻干擾量 $\left(\dfrac{C}{I}\right)_{ANT}$ 與檢波器干擾量 $\left(\dfrac{S}{I}\right)$ 及其相互間關係？

A: 按公式 $\dfrac{S}{I} = \left(\dfrac{C}{I}\right)_{ANT} + RTC$，$RTC$($RCV$ transfer characteristics)相當於接收機 K_R(RCV processing gain)$= \dfrac{S/N}{C/N}$。現將相互對應 $\dfrac{C}{N}$ 改為 $\left(\dfrac{C}{I}\right)_{ANT}$，$\dfrac{S}{N}$ 改為 $\dfrac{S}{I}$，而成 $\dfrac{S}{I} = \left(\dfrac{C}{I}\right)_{ANT} + RTC$。

工程應用：依公式 $\dfrac{S}{I} = \left(\dfrac{C}{I}\right)_{ANT} + RTC$，如圖示。

$$\left(\frac{C}{I}\right)_{ANT} \quad \boxed{\begin{array}{c} RCV \\ Passband \end{array}} \quad \left(\frac{C}{I}\right)_{pb} \quad \boxed{Detector} \quad \frac{S}{I}$$

$$\frac{S}{I} > \left(\frac{C}{I}\right)_{ANT} \ (RTC > 1) \text{，以 } TV/FM \text{ Modulation} = 2.5 \text{，carrier frequency}$$

separation $= 0$，$RTC = 30\text{dB}$，$\left(\dfrac{C}{I}\right)_{ANT} = 20\text{dB}$ 為例。

可求出檢波器 $\dfrac{S}{I} = \left(\dfrac{C}{I}\right)_{ANT} + RTC = 20 + 30 = 50\text{dB}$。

其他 $\dfrac{S}{I}$ 與 $\left(\dfrac{C}{I}\right)_{ANT}$ 供參閱如下。

	S/I (dB)
FDM/FM	60
TV/FM	67
AM	55

	$\left(\dfrac{C}{I}\right)_{pb}$ (dB)
cable T.V.	20
digital	$\dfrac{C}{N} + 14$ at $BER = 10^{-6}$
SCPC/PSK/FM	21 to 24

Q193: 如何評估 *FM/TV* 系統連續波干擾耐受性[*PR*(Protection Ratio)]？

A: 按公式 $PR = 12.5 - 20\log\dfrac{D_V}{12} - Q_{IF} + 1.1 \times (Q_{IF})^2$

D_V：$2 \times$ Modulation Index $\times$ top modulating frequency

Q_{IF}：a quality impairment factor。

工程應用： • *FM/TV* carrier modulation index $= 2.57$

- Top modulating frequency $= 4.2\text{MHz}$

- $D_V = pk$ to pk derivation

    $= 2 \times$ Modulation index $\times$ Top modulating frequency

    $= 2 \times 2.57 \times 4.2\text{M} = 21.6\text{MHz}$

- $Q_{IF} =$ a quality impairment factor $= 4.5$

$$PR = 12.5 - 20\log\frac{D_V}{12} - Q_{IF} + 1.1(Q_{IF})^2$$

$$= 12.5 - 20\log\frac{21.6}{12} - 4.5 + 1.1 \times (4.5)^2 = 25.2\text{dB}$$

PR 值 25.2dB 說明 *FM/TV* 載波至少需大於干擾 25.2dB 以上，相當於信號對干擾強度 18 比 1。($20\log10^{\frac{25.2}{20}} = 20\log18$)。

Q194: 何謂能量分散(energy dispersal)，衛星通訊中為何需控制載波能量分佈密度問題？

A: 以 *FM* 為例，*FM PWR* 希在不同 Modulation Index 調變時均能保持常數，實務上，載波未調變時，所有功率均由載波承載。當有調變時，所有功率分散由載波與旁波帶承載，在低度調變時，旁波帶接近載波功率密度提高。反之在高度調變時，僅存載波功率密度隨之降低。這種信號調變因調變係數因高或低而造成信號分佈密度高低不同，在 low Modulation Index 時 *PWR* density 升高，在 high Modulation Index 時 *PWR* density 降低的現象，稱之能量分散(energy dispersal)。

工程應用： 為避免在 low modulation index 情況下 *PWR* density 過高超過負荷無法工作，需將在 low Modulation Index 時的 base frequency 頻寬放寬，可使過高的 *PWR* density 分散的方法稱之能量分散(energy dispersal)，如圖示。

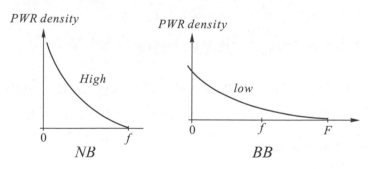

while 0 to *f* expanded to 0 to *F*。

PWR density is dispersal。

Q195: 已知雜訊功率頻譜密度，如何求雜訊功率大小？

A: 依圖示 *PWR* density v.s. *f* (kHz)。

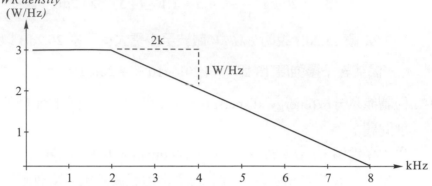

At 0～2k　3W/Hz × 2000 = 6000W

At 2k～8k　[3W/Hz × (8k − 2k)] ÷ 2 = 9000W

At 0～8k　(6000 + 9000)/8k = 1.875W/Hz

At 0～4k　3W/Hz × 4000 − (3 − 2)W/Hz × (4000 − 2000)$\cdot\frac{1}{2}$ = 11000W

11000W/4000 = 2.75W/Hz

工程應用：由功率密度 × 頻率 = 功率公式，計算上圖中各段頻率功率大小，功
率大小與熱量(joules)關係為 1W = 1joule / second。功率密度常見與熱
量等值，係因 $1W/Hz = \frac{1W}{f} = \frac{1W}{\frac{1}{T}} = \frac{1joule/s}{1/s} = joule$。

Q196: 試算鄰近衛星對地面工作站的干擾模式 $\left(\frac{C}{I}\right)_D$ ？

A: 設在軌衛星 *EIRP* = 36dBW，鄰近在軌衛星 *EIRP* = 34dBW，地面工作站
天線增益 = 45dB，鄰近衛星對地面工作站天線干擾量 = 24dB，極向偏差
= 4dB，試算鄰近衛星對地面工作站的干擾量 $\left(\frac{C}{I}\right)_D$ 。

依公式 $\left(\frac{C}{I}\right)_D = \Delta E + G_{gs} - G_{IC} + PD$

ΔE：在軌衛星與鄰近衛星 *EIRP* 之差。

G_{gs}：地面工作站天線增益。

G_{IC}：鄰近衛星對地面工作站天線增益耦合量。

PD：極向偏差。

$$\left(\frac{C}{I}\right)_D = (36 - 34) + 45 - 24 + 4 = 27\text{dB}$$

工程應用：$\left(\frac{C}{I}\right)_D = 27$ 為地面工作站載波對干擾波的 dB 比值，相當於載波對干擾波信號強度 500 比 1，$(27\text{ dB} = 10\log 10^{\frac{27}{10}} = 10\log 500)$。本題設為假設鄰近衛星對地面工作站皆干擾時，兩個在軌衛星射頻工作中心頻率與射頻工作頻率頻寬完全相同，僅就比較信號強度求出 $\left(\frac{C}{I}\right)_D$。原干擾量應含信號強度與中心頻率與頻寬差耦合兩項，如兩衛星中心頻率與頻寬不同時，需將中心頻率頻寬去耦量計入，這樣可將 $\left(\frac{C}{I}\right)_D$ 中 I 項降低而使 $\left(\frac{C}{I}\right)$ 提升。以本題為例，如中心頻率與頻寬差為-10dB，$\left(\frac{C}{I}\right)_D = 27 - (-10) = 37\text{dB}$，相當於載波對干擾波信號強度擴大為 5011 比 1，$(37\text{dB} = 10\log 10^{\frac{37}{10}} = 10\log 5011)$。

Q197: 試算地面工作站對在軌衛星的干擾模式 $\left(\frac{C}{I}\right)_U$？

A: 設 A 座地面工作站發射功率為 24dBW，天線增益 50dB，B 座地面工作站發射功率為 30dBW，A 對 B 天線場型增益耦合量為 26dB，極向偏差為 2dB，試算 A 對 B 的 $\left(\frac{C}{I}\right)_U$？

依 $\left(\frac{C}{I}\right)_U = \Delta E + G_{gs} - G_{IC} + PD$

$\Delta E = A$ 座工作站與 B 座工作站發射功率之差。

$G_{gs} = A$ 座地面站天線增益。

$G_{IC} = A$ 對 B 天線場型增益干擾耦合量。

$PD = $ 極向偏差。

$$\left(\frac{C}{I}\right)_U = (24 - 30) + 50 - 26 + 2 - 20\text{dB}$$

工程應用：$\left(\dfrac{C}{I}\right)_U = 20$ 為 A 座地面工作站對 B 座地面工作站載波對干擾波的 dB

比值，相當於載波對干擾波信號強度 100 比 1($20\text{dB} = 10\log10^{\frac{20}{10}}$

$= 10\log100$)。

由公式所示衛星站發射功率 A，由 $\Delta E = A - B(B = 30)$，如 A 越大 ΔE

越大可提升 $\left(\dfrac{C}{I}\right)_U$。而地面站天線增益越大($G_{gs}$)也有利於提升 $\left(\dfrac{C}{I}\right)_U$，

查知 A 對 B 天線場型增益干擾耦合量(G_{IC})如果很大使 $\left(\dfrac{C}{I}\right)_U$ 變小不利

於提升 $\left(\dfrac{C}{I}\right)_U$，如果很小使 $\left(\dfrac{C}{I}\right)_U$ 變大有利於提升 $\left(\dfrac{C}{I}\right)_U$。

Q198: 由已知 $\left(\dfrac{C}{I}\right)_U$ 與 $\left(\dfrac{C}{I}\right)_D$ 如何計算衛星全系統 $\left(\dfrac{C}{I}\right)_{ANT}$？

A: 由已知 $\left(\dfrac{C}{I}\right)_U$ 與 $\left(\dfrac{C}{I}\right)_D$，兩者相加即為全系統 $\left(\dfrac{C}{I}\right)_{ANT}$。

範例說明：$\left(\dfrac{C}{I}\right)_U = 30\text{dB}$，$\left(\dfrac{C}{I}\right)_D = 20\text{dB}$

$$\left(\dfrac{I}{C}\right)_{ANT} = \left(\dfrac{I}{C}\right)_U + \left(\dfrac{I}{C}\right)_D = 10^{-3} + 10^{-2} = 0.001 + 0.01 = 0.011$$

$$\left(\dfrac{C}{I}\right)_{ANT} = -10\log0.011 = 19.58\text{dB}$$

工程應用：全系統 $\left(\dfrac{C}{I}\right)$ dB 比值，係由分別計算上送 $\left(\dfrac{C}{I}\right)_U$ 與下送 $\left(\dfrac{C}{I}\right)_D$ 相加即為

全系統 $\left(\dfrac{C}{I}\right)_{ANT}$。此處所示 ANT 意指由天線輸出端所感應的 $\left(\dfrac{C}{I}\right)$ 值，

故以 $\left(\dfrac{C}{I}\right)_{ANT}$ 示之。

Q199: 如何評估衛星軌道偏移造成對 $\dfrac{C}{I}$ 的影響？

A: 一般地面工作站天線均為高增益窄波束，欲知衛星在軌軌道偏移對地面
工作站的影響，需先瞭解工作站天線場型分佈狀況，以此對應衛星軌道

偏移角度時，可作為評估對 $\dfrac{C}{I}$ 的影響程度，按工作站天線增益與場型角度關係如圖示。

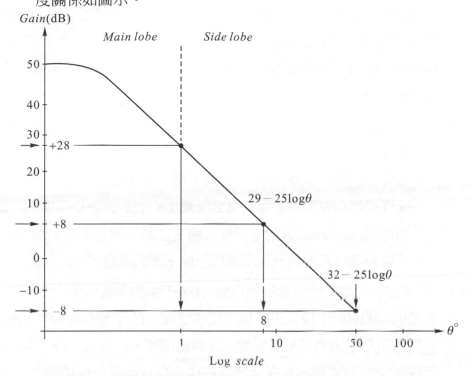

已知干擾衛星軌道偏移由原 4°轉為至 2°，試計算 $\left(\dfrac{C}{I}\right)_D$ 式中 I 干擾量增加量，依圖示代入旁波束波束分佈圖所示公式 $I = (29 - 25 \log \theta) - (29 - 25 \log \theta) = (29 - 25 \log 2°) - (29 - 25 \log 4) = 7.5\text{dB}$，可算出進入旁波束干擾增加量為 7.5dB。

工程應用： 由圖示小於 1°為主波束工作區，1°～8°與 8°～50°均為旁波束工作區，衛星干擾正對地面站如圖示小於 1°主波束區，會產生最大干擾量(*I*)。衛星干擾偏向地面站，如圖示 1°～8°或 8°～50°衛星對地面站干擾僅進入旁波束，干擾量(*I*)大小隨旁波束場型分佈而變動，一般如圖所示偏向角度愈大，旁波束愈小，感應干擾量(*I*)亦愈小。

Q200: 如何避免數位信號取樣過程中所受系統間信息干擾問題(*ISI*)？

A: 系統間信息干擾[*ISI* (Inter Symbol Interference)]係指數位信號在取樣時(Sampling instant)，巧遇來自內部組件電感電容所產生的共振效應，干擾觸及到正在取樣的信號。比較消極的做法在避免 *ISI* 產生之時取樣(sampling)。比較積極的做法在降低 *ISI* 信號干擾強度，以避免對取樣產生干擾效應。

工程應用： 比較以上所述消極與積極作法，消極作法在避免 *ISI* 與取樣(sampling)同時出現，理論上似乎可行，實務上 *ISI* 何時出現不可預期，無法有效完全抑制對取樣(sampling)的干擾。而積極作法可由在電路中採用線性組件可減低寄生電感電容所產生的混附波雜訊問題。依此可消除對取樣(sampling)信號的干擾問題，並解決實務上系統間信息干擾，不可預期何時出現對正常信息取樣干擾的問題。

Q201: 試說明數位信號頻寬與系統間信息(*ISI*)干擾相互關係？

A: 系統間信息(*ISI*)干擾係由系統中電感電容共振效應所產生的干擾信號，對正常數位信號取樣時形成干擾造成取樣困難。如果 *ISI* 干擾信號大到足以干擾正常信號取樣，且在全時域取樣均存有此項干擾信號，可使數位信號取樣全面失效。取樣工作頻寬自然為零。如果 *ISI* 干擾信號小到不足以干擾正常信號取樣。此時取樣工作頻寬依規格所訂定為 R_{sym} (symbol rates)。

工程應用： 一般 *ISI* 對正常信號取樣工作頻寬關係，如 *ISI* 為 0，數位信號完全不受干擾工作頻寬為 R_{sym} (symbol rate)，如 *ISI* 為 1，視同與取樣信號強度為 1 等大小，相當於完全干擾，數位信號無法取樣，數位信號工作頻寬為零。如 *ISI* 為 0.5，視同與取樣信號強度為 1 的一半，按統計概論可能取樣成功，亦可能失敗，以此推論，此時取樣相當於數位信號工作頻寬在完全未受 *ISI* 干擾情況下為 R_{sym} (symbol rate)的一半 $\frac{1}{2}R_{sym}$。

Q202: 如何評估天線場型相互耦合量大小？

A: 天線間的場型，因物性水平方向方位指向，垂直方面位置落差不同，因電性場型形狀不同造成相互耦合量大小不一，舉例簡易說明如下。

ANT 1 (*Tx*)	ANT 2 (*RCV*)	mutual coupling
Vetex ↓ 0	*Vetex* ↓ 0	main lobe max coupling (0) + (0) = 0dB
−15	−15	back lobe coupling (−15) + (−15) = −30dB
0	−15	main to back lobe (0) + (−15) = −15dB
−15	0	back to main lobe (0) + (−15) = −15dB
0	−20	main to null lobe (0) + (−20) = −20dB
−20	0	null to main lobe (0) + (−20) = −20dB
−20	−20	null to null lobe (−20) + (−20) = −40dB
−3	−15 / 0	main to main lobe (offset) (−3) + (−15) = −18dB
−10	−15	null to null (−10) + (−15) = −25dB

工程應用：如圖示將兩天線的頂點(Vetex)沿場型主軸線連成一直線，會在兩天線
　　　　　場型分佈圖上各有一交點，再查該交點所在位置所示場型能量低於主
　　　　　波束多少分貝(dB)相加，即為兩天線相互間耦合分貝(dB)數值。這種
　　　　　方法可用於在軌衛星相鄰波束耦合量，衛星對地面站波束場型耦合
　　　　　量，地面站對衛星波束場型耦合量，地面站相鄰波束耦合量評估工作。

Q203: 如果兩天線中心頻率與射頻頻寬不同，如何評估其間耦合量(*FSC*)？

A: 依公式頻率隔離因素(Frequency Seperation factor) $= 40\log\dfrac{\dfrac{B_T + B_R}{2}}{\Delta f}$

B_T：發射源(干擾源)RF 頻寬　　B_R：接收源(受害源)RF 頻寬

Δf：發射與接收間中心頻率差。

工程應用：設 $B_T = B_R = 1$，不同 Δf，所得不同 FSC(dB)如表列供參閱。

Δf	FSC (dB)	Remark
0	8	Max (No Correction)
1	0	(Max) 0dB
100	−80	more coupling
1000	−120	less coupling

　　　Δf 愈大，兩天線間 FSC(dB)愈小，相互耦合量愈小，此公式可用於
評估輻射源與接收源之間中心頻率頻寬差的耦合干擾量大小。

Q204: 如已知兩天線中心頻率與射頻頻寬，如何評估選用頻寬校正因素
(*BWCF*)？

A: 依頻寬校正因素(*BWCF*)選用表，選用適當所需 *BWCF* (Band Width
Correction Factor)。

Type (mode)	BW	BWCF	
		On tune $\Delta f \le \dfrac{B_T + B_R}{2}$	off time $\Delta f > \dfrac{B_T + B_R}{2}$
CW	$B_R \ge B_T$	No correction	$10\log\dfrac{B_R}{B_T}$
	$B_R < B_T$	$10\log\dfrac{B_R}{B_T}$	
pulse	$B_R \ge B_T$	No correction	$20\log\dfrac{B_R}{B_T}$
	$PRF < B_R < B_T$	$20\log\dfrac{B_R}{B_T}$	
	$B_R < PRF$	$20\log\dfrac{PRF}{B_T}$	$20\log\dfrac{PRF}{B_T}$

$\Delta f = f_T - f_R$，$B_T = T_x\,BW$，$B_R = RCV\,BW$。

PRF：pulse rate frequency

工程應用： 1. 先確認 CW 或 pulse。

2. 比較 Δf 與 $\dfrac{B_T + B_R}{2}$ 之間大小關係選取 on tune 或 off tune 欄位。

3. 選取 Type (mode)中 CW 或 pulse，對應 $BWCF$ 欄位中選取 on tune 或 off tune，再由 BW 欄位中比較 B_T，B_R，PRF 之間大小關係，對應經選定 CW 或 pulse 及 on tune 或 off tune 在 $BWCF$ 欄位中所列的計算公式。

案例一 1. CW mode

2. $f_T = 100$，$f_R = 110$，$\Delta f = 110 - 100 = 10$

3. $B_T = 4$，$B_R = 2$，$\dfrac{B_T + B_R}{2} = \dfrac{4+2}{2} = 3$

*4. $\Delta f = 10 > \dfrac{B_T + B_R}{2} = 3$，off tune。

5. $B_T = 4$，$B_R = 2$，$B_R = 2 < B_T = 4$。

6. $BWCF = 10\log\dfrac{B_R}{B_T} = 10\log\dfrac{2}{4} = -30\text{dB}$。

5. $B_T = 2$，$B_R = 4$，$B_R = 4 > B_T = 2$。

6. $BWCF = 10\log\dfrac{B_R}{B_T} = 10\log\dfrac{4}{2} = +30\text{dB}$。

案例二　　1. CW mode

2. $f_T = 100$，$f_R = 110$，$\Delta f = 110 - 100 = 10$

3. $B_T = 10$，$B_R = 20$，$\dfrac{B_T + B_R}{2} = \dfrac{10 + 20}{2} = 5$

*4. $\Delta f = 10 > \dfrac{B_T + B_R}{2} = 15$，on tune。

5. $B_T = 10$，$B_R = 20$，$B_R = 20 < B_T = 10$。

6. $BWCF$ = No correction

5. $B_T = 20$，$B_R = 10$，$B_R = 10 < B_T = 20$。

6. $BWCF = 10\log\dfrac{B_R}{B_T} = 10\log\dfrac{20}{10} = 30\text{dB}$。

案例三　　pulse mode 選用 $BWCF$ 方法與 CW mode 選用 $BWCF$ 方法相同，不另贅述。

在實務應用中，CW 多指商用類比通訊裝備系統，pulse 多指軍用脈波雷達與數位通訊裝備系統。

Q205: 如何評估計算兩信號源之間頻率頻寬耦合量？

A: 　　將中心頻率頻寬隔離因素(FSC)與中心頻率頻寬校正因素($BWCF$)相加，即為兩信號源之間頻率頻寬耦合量大小。

工程應用：按前述 FSC 與 $BWCF$ 計算所得相加即為兩信號源之間頻率頻寬耦合量大小，如 $FSC = 0\text{dB}$，$BWCF$ = No correction，$FSC + BWCF = 0\text{dB}$，表示兩信號源符合 on tune，且 $B_R > B_T$ 的情況下，兩信號源之間頻率頻寬耦合量為 0dB。又如 $FSC = -30\text{dB}$，$BWCF = -20\text{dB}$，兩信號源之間頻率頻寬耦合量為 -50dB。

頻率頻寬耦合量可用於評估兩信號源之間干擾量大小，一般干擾評估干擾量含信號強度與頻率頻寬兩項，如 $FSC + BWCF = 0\text{dB}$，總干擾量只需評估信號強度即可。如 $FSC + BWCF \neq 0\text{dB}$，則需評估信號強

度與頻率頻寬耦合兩項，如信號強度耦合量為−20dBm，頻率頻寬耦合量為−30dBm [*FSC* (−20dB) + *BWCF* (−10dB)]合計兩項總干擾量為−50dBm，並以此值與接收源(受害源)所接收的信號強度比較，如所接收到的信號強度大於−50dBm，表示信號強度不受干擾信號−50dBm 干擾。如所接收到的信號強度小於−50dBm，表示信號強度將受干擾信號−50dBm 干擾。

Q206: 如何定義干擾源諧波對受害源主波的干擾程度？

A:　　如圖示。

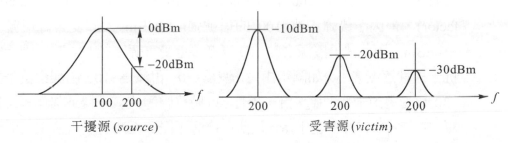

干擾源 (*source*)　　　　　　　　　　受害源 (*victim*)

由圖示干擾源的諧波 200 可能對受害源的主波 200 造成干擾，因干擾源諧波 200 與受害源主波 200 完全一樣已達到頻率干擾最大耦合量。此時再比較信號強度，由於干擾源−20dBm < 受害源−10dBm 無干擾，干擾源−20dBm = 受害源−20dBm 或有或無干擾，干擾源−20dBm > 受害源−30dBm 有干擾。

工程應用：　設已知受害源之頻率為 200，查知干擾源主頻 100 對信號強度為 0dBm，再由其諧波頻率分佈圖得知在諧波 200 時低於主波 100 時為 −20dBm，因此確認干擾源在諧波為 200 時信號強度為−20dBm，並以此值與受害源主頻 200 時信號強度大小比較定出 *EMC*，*EMC/EMI*，*EMI* 三種可能存在模式，又因干擾源的諧波 200 與受害源主波 200 重合稱之頻道內(co-channel)干擾。

Q207: 如何定義干擾源主波對受害源主波的干擾程度？

A: 如圖示。

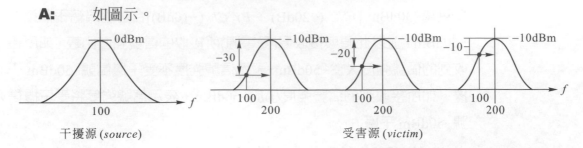

干擾源 (*source*)　　　　　　　　　　　　受害源 (*victim*)

由圖示干擾源的主波 100 可能對受害源的主波 200 造成干擾，因干擾源主波 100 雖與受害源 200 不同，而有頻率隔離因素(Frequency Seperation factor)，但因干擾源主波 100 的信號強度 0dBm 大於受害源信號強度 −10dBm，因此當干擾源主頻 100 逐漸接近受害源主頻 200 時，因受害源抗干擾性逐漸變小，如圖示由−30 減為−20，再減為−10，由觀察抗干擾性−30 時受害源未受干擾，抗干擾性−20 時受害源或有干擾或無干擾，抗干擾−10 時，受害源有受干擾。以此可瞭解干擾源主波對受害源主波的干擾程度。

工程應用： 設已知干擾源主頻 100 時，信號強度為 0dBm，當干擾源主頻 100 逐漸向受害源主頻 200 移動，經查受害源的信號選擇性(selectivity)工作曲線可知抗干擾性情況，應用選擇性工作曲線越遠離主頻時，選擇性變差，抗干擾性越好的特性。越接近主頻時選擇性變好，抗干擾性越差的特性。以此評估受害源抗干擾強弱的依據。如圖示−30 時，抗干擾性強無干擾，−20 時或有或無干擾，−10 抗干擾性弱有干擾。此項干擾模式又稱為鄰近頻到干擾(cross modulation)。

Q208: 如何總結系統間、系統內干擾問題分析與防治？

A: 1. 系統間(Inter)：發射端至接收端射頻級信號強度與頻率耦合。

　　(1) 信號強度大小(電性、物性)

　　　　① 電性：發射端(發射機功率、功率放大器增益、天線增益、空氣衰減、場型耦合、極向耦合)。

　　　　接收端[天線增益、功率放大器增益、射頻級靈敏度 $(S = N)$]

② 物性：天線場強耦合[水平方向(H plane)、垂直方向(E plane)]、空氣衰減。

(2) 頻率耦合

發射接收中心頻率差($F.S.C.$) + 射頻頻寬($B.W.C.F.$)校正

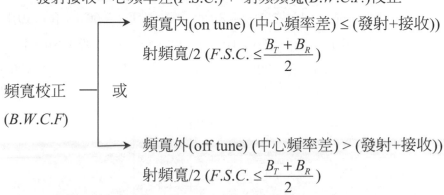

頻寬校正
($B.W.C.F$)

頻寬內(on tune) (中心頻率差) ≤ (發射+接收))

射頻寬/2 $(F.S.C. \leq \dfrac{B_T + B_R}{2})$

或

頻寬外(off tune) (中心頻率差) > (發射+接收))

射頻寬/2 $(F.S.C. \leq \dfrac{B_T + B_R}{2})$

A. 如頻寬校正因素($B.W.C.F.$)係在頻寬內(on tune)

- 頻率耦合總量＝中心頻率差($F.S.C.$) + 頻寬校正因素($B.W.C.F.$)

  (參閱 Q/A 203 與 204)

B. 如頻寬校正因素($B.W.C.F.$)係在頻寬外(off tune)

- 頻率耦合總量

  1. 中心頻率差($F.S.C.$) + 頻寬校正因素($B.W.C.F.$)

     + 諧波干擾 $M(\Delta f)$ (參閱 Q/A 206)

  2. 主波干擾 $S(\Delta f)$ (參閱 Q/A 207)

     比較 1.與 2.選取較大值

- * 接收端射頻級總干擾量＝信號強度大小＋頻率耦合(A 或 B)

  接收端射頻級靈敏度($S = N = -100$)

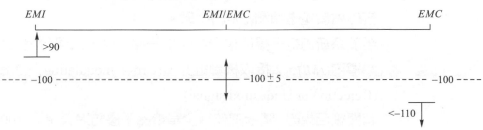

Signal *Amp* + frequency coupling (*A* or *B*)

RCV RF stage Sensitivity ($S = N = -100$)

2. 系統內(lntra)　　$S/N = 20, 30$　　$N/S = -20, -30$

3. 系統內(Intra) + 系統內(lntra)

[信號強度大小＋頻率耦合(中心頻率耦合)＋頻寬內(on tune)或頻寬外(off tune)頻率耦合]＋[雜信比(N/S)]

$[(-60)] + [(-20)] = -80$
$[(-100 \pm 5)] + [(-20)] = -120 \pm 5$
$[(-120)] + [(-20)] = -140$

$[(-60)] + [(-30)] = -90$
$[(-100 \pm 5)] + [(-30)] = -130 \pm 5$
$[(-120)] + [(-30)] = -150$

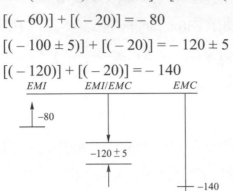

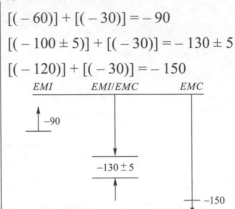

－80 為 Tx 至 RCV EMI level
雜訊位階較高 $N/S = -20$
全系統 EMI/EMC 位準較高，
EMI 耐受度較差。

－90 為 Tx 至 RCV EMI level
雜訊位階較低 $N/S = -30$
全系統 EMI/EMC 位準較低，
EMI 耐受度較好。

工程應用：　一般對系統間、系統內干擾間題分析與防治工作是先行分析系統間射頻級是否有干擾問題？如沒有干擾問題則不需進一步分析系統內干擾問題，可總結全系統系統間與系統內處於電磁調和(EMC)狀態。如有干擾問題則需進一步分析系統內干擾問題，如系統內抗干擾能量不足抗衡來自系統間干擾而有干擾問題，則需依電磁干擾各種防治方法，如結合、濾波、接地、隔離、佈線等設法加以改善抑制，如系統內抗干擾能量足以抗衡來自系統間干擾，可總結全系統系統間，與系統內處於電磁調和(EMC)狀態。

至於系統內抗干擾能量分析，依干擾不同模式可分為三類：1.接收機頻道內(IMI)，2.接收機鄰近頻道(Cross modulation)，3.接收機頻道外(Rejection of Undesired signal)。

有關細目說明，請參閱作者全華電磁干擾防治與量測 1000 Q/A 一書，有關各項防治工作(Bonding, Filtering, Grounding, Shielding.)與系統內抗干擾能量分析(IMI, cross modulation, Rejection of underired signal)。

歡迎加入 全華會員

● 會員獨享
會員享購書折扣、紅利積點、生日禮金、不定期優惠活動…等。

● 如何加入會員
填安讀者回函卡直接傳真 (02) 2262-0900 或寄回，將由專人協助登入會員資料，待收到 E-MAIL 通知後即可成為會員。

如何購買 全華書籍

1. 網路購書
全華網路書店「http://www.opentech.com.tw」，加入會員購書更便利，並享有紅利積點回饋等各式優惠。

2. 全華門市、全省書局
歡迎至全華門市（新北市土城區忠義路 21 號）或全省各大書局、連鎖書店選購。

3. 來電訂購
(1) 訂書專線 : (02) 2262-5666 轉 321-324
(2) 傳真專線 : (02) 6637-3696
(3) 郵局劃撥（帳號 : 0100836-1　戶名 : 全華圖書股份有限公司）
※ 購書未滿一千元者，酌收運費 70 元。

全華網路書店 www.opentech.com.tw
E-mail: service@chwa.com.tw

※ 本會員制如有變更則以最新修訂制度為準，造成不便請見諒。

1. **增加上網人潮**：許多廣告活動的目標在增加上網的人潮。網站參觀人數量大才能賣出更多廣告。很多入口網站，如雅虎網站、PChome，藉由個人化服務選項、免費電子郵件信箱、拍賣活動或其他的特點，說服參觀者再次回來網站。

2. **銷售商品**：銷售商品是電子商務網站業務收入主要來源之一。一家公司販售商品，不只是要創造大量上網參觀潮，更要人們來消費。雅虎奇摩購物通與購物中心，是一個以販賣商品為主的網站、爭取哪些按鍵購買電腦產品、消費性電子產品、服飾、音樂、書籍等的消費者。

3. **蒐集資訊**：蒐集資訊是許多直效行銷業者主要的目的。讓潛在客戶提出關於產品的需求，藉由線上交易網站蒐集客戶資料，當消費者對商品瞭解愈多，購買的可能性就會提高。像雅方（Avon）重視消費者的資訊，有相當的收益是來自線上廣告活動。

4. **建立品牌知名度**：許多公司使用網路廣告來建立產品或服務的品牌知名度，品牌知名度建立後，又可以為公司帶來更多的營收。可以透過一些廣告評估方式、追蹤記錄或網站停留時間，建立一些衡量方法。

5. **引發購買動機**：許多公司使用網路廣告，目的並不是在建立品牌知名度，而是在引發一個立即購買的衝動。可能是一個週年慶促銷活動，也可能是一個降價或贈品的活動，消費者點選按鍵進入該廣告，取得某些免費贈品、折價券或憑票優惠。

二、購買網路廣告媒體預算的分配

公司必須花多少預算在網路廣告上，是一個不容易決策的難題。行銷主管必須考量公司所有行銷預算規模、所有行銷預算所要達成的效益；在這個條件下，分配網路廣告應有的資源比例、金額與效益。

有一些經驗法則可以依循：1. 以公司銷售業績的百分比作依歸；2. 有多少預算、做多少事，量入為出的方式；3. 視競爭對手出多少廣告，就配多少比例廣告。網路廣告是否針對長期顧客分配一定的廣告量、為爭取新顧客必須有多少的廣告暴露、有無新的機會出現，廣告網站有無折扣促銷時策略等，都是相關的重要決策。

與傳統媒體一樣，購買網路媒體時，需要支付廣告製作費，製作動態的橫幅廣告、腳本、躍出式網頁、放大或縮小費用等都要估算進去。根據業者經驗，保留一部份廣告預算相當重要，因為在廣告活動中，會逐漸學到什麼樣的網路廣告最有效，屆時需要廣告經費來支應廣告內容的變動，以得到最大效果。

三、選擇網站訊息的評估

選擇網站訊息的評估，可從三個方面來看，說明如下：

（一）選擇目標群

選擇目標群包括目標客戶與網站媒體的選擇。

1. **目標客戶**：網站廣告最重要的是能接觸目標讀者。在做廣告時，和傳統行銷廣告作業一樣，都要先瞭解目標客戶群，針對其需要做訴求。

2. **網站的類別**：網站一般可分成：(1) 品牌響亮，具有知名度的網站；(2) 上網人數眾多，但知名度較低，甚至談不上知名度；(3) 上網人數不多的利基市場；(4) 嗜好與個人網站。根據自己的需求做選擇。

（二）網站媒體的製作

網站媒體的製作包括首播之效益、廣告版面數量及廣告位置與大小。

1. **首播保證效益**：有些公司會要求第一次在網站上播出時，要有一定的點選率，或引起相當的話題。

2. **廣告版面數量**：根據所設立的目標及刊登廣告的網站，決定購買多少廣告版面。版面的決定是依據產品的目標客戶需要多少接觸率、觀看頻率、該媒體的點選率，或網站的知名度。例如大量投資在單一網站廣告，會有很強的暴露，但是媒體普遍接觸率就會受影響。

3. **廣告的位置與大小**：較大篇幅的廣告，通常可以得到較多的回應。廣告要放置在螢幕可以被看見的位置，避免因向下捲動螢幕而看不見，且要注意視覺效果。

（三）衡量網站技術

衡量網站技術包括隨時更改的可能性、技術能力及活動成果報告。

1. **網站的技衡能力**：為了滿足購買廣告客戶的需要，要用 HTML、JAVA 或多媒體，使用越複雜、越高階技術，收費也就越高。

2. **快速變換創意**：網路廣告最大特色，就是可以迅速的更換創意設計。但是實際上，有很多網站卻沒有足夠的更換能力，所以應盡量減少與這些網站接觸。

3. **活動成果報告**：彈性調整廣告活動的內容，得到最佳效果，是網路廣告最大好處之一。若某一廣告效果不埋想，可以盡快將其刪除。而為了判斷哪些活動可以提高廣告效果，則必須時常察看廣告表現的報告。

四、網路廣告媒體的決定與效果的衡量

經由分析選定網站媒體。在正式廣告活動前，一定要先測試網站、廣告位置及廣告本身，以確保廣告訊息的傳遞及效果的達成。此外，還需要明瞭不同網站的收費標準或競標的方式。廣告效果需考量每千人廣告成本（CPM）、每次動作計費（CPA），或各式混合評估效益方法。

17-5 線上廣告管理

要想從為數眾多的銷售廣告網站脫穎而出，提供符合廣告廠商的需求，與廣告廠商建立長期的夥伴關係，除價格、創新之外，還要有彈性。銷售線上廣告時，相關的管理程序，可以分成五個步驟：確定所要販售的商品或服務、準備網站的基礎架構、瞭解客戶、媒體工具、銷售組合策略。

一、確定所要販售的商品或服務

發展銷售計畫，首先要辨別、定義所要銷售的是什麼。例如銷售線上廣告時，廣告就是產品，必須加以定義、分類和編製目錄、確定廣告格式、技術規格、廣告空間位置、放置位置、廣告種類、廣告優惠等。

二、準備網站的基礎架構

接受廣告託播之前，要先架設網站，除了硬體外，還有很多軟體要件。

1. **設置監控評估網站人潮**：使用有效的監控評估工具，以精確記錄分析上網人潮來自何方、上網做什麼、停留時間，就可以知道哪些網頁適合刊登廣告。

2. **廣告模式**：設計網路時，要先決定網頁使用何種廣告模式，橫幅廣告、按鈕廣告、廣告贊助、文字連結或插播式廣告。

3. **廣告管理**：尋求一套適用的廣告管理軟體，確保受託廣告順利傳送，並按預定時間播出，迅速見廣告效益評估並做成報告。

4. **提供稽核數據**：如傳統廣告作業，獨立的第三者提供稽核報告，供線上購買廣告之參考，網站若想爭取更多、更大的客戶，就必須提供稽核數字。

三、瞭解客戶

廣告廠商會想知道，在某個網站提供廣告時，會有什麼樣的觀眾來看，各種觀眾的資料可以透過相關科技，或各種促銷活動、遊戲競賽取得。建立信任、為廣告訂價（建立廣告價格表）、提供折扣或特價、提供廣告公司與業務員佣金，競爭分析等也都有助於瞭解客戶並吸引廠商提供廣告。

四、媒體工具

網路廣告，包括橫幅廣告、按鈕廣告、廣告贊助、文字連結等，需要媒體工具來說明廣告的機會。線上版本必須確保每個網頁都可以連線進入。

五、銷售組合策略

一個好的網站經營並不容易，除了各種軟硬體配合，還要能拓展業務，講求良好的銷售組合，以求對顧客有較好的照顧。銷售組合決策包含：廣告代理公司、廣告連結網、拍賣、業務人員、到處傳播廣告的機會。

網紅及 Youtuber 的崛起

在資訊爆炸的年代，我們都不得不承認一個事實：消費者對於廣告的信任度愈來愈低，大部分人只會相信他們信任的人所推薦的事物。因此，產生了「網紅行銷」的行銷策略，還促成了「網紅經濟」的名詞產生。根據 2016 Mckinsey 的研究顯示，這些影響者造成的口碑傳播效應是付費廣告的 2 倍，吸引來的顧客也比用其他方法的留存率高出 37%。對於品牌電商來說，怎麼透過「網紅行銷」去提升銷售額，並確保能避免反效果，無疑是十分重要。

實況主大戰網紅！猜猜誰才是真正超人氣Youtuber			
綜合排名	人氣Youtuber	YouTube訂閱人數	網路聲量
1	這群人	140萬	16,353
2	阿神	98萬	18,722
3	蔡阿嘎	138萬	3,190
4	谷阿莫	89萬	2,724
5	菜喳	82萬	6,456
6	館長	14萬	25,568
7	魚乾	83萬	1,325
8	老皮	85萬	1,133
9	超粒方	47萬	2,124
10	郝毅博	47萬	894

· 資料分析：DailyView網路溫度計透過KEYPO大數據關鍵引擎 (keypo.tw)，以關鍵字進行語意情緒判斷，並統合網友討論聲量與YouTube頻道訂閱人數，以各佔西刃之卫十的比例做出排名。
· 分析期間：2016/03/02~2017/03/01

圖片來源：DailyView 網路溫度計

「Youtuber」，一個看似眼熟、帶點新鮮，但其實早就已出現在你我生活中的名詞。代表的是哪些在 YouTube 上累積了大量粉絲、並且有著各式各樣影片的網紅們。關於臺灣的 Youtuber，最早幾乎可以追溯到 2008 年蔡阿嘎的崛起，而這麼多年以來的時事更造就了群雄並起，Youtuber 們也成為一個不可忽視的群體。

資料來源：Daily View 2017/03/03，SHOPLINE 自助電商教室 2016/11/02

問題討論

1. 請說明網路、社群成功的關鍵因素。
2. Youtuber 的發展對網路事業有什麼威脅和機會？

重要名詞回顧

1. 網際網路（Internet）
2. 網際網路行銷（Internet marketing）
3. 互動式服務（Interactive service）
4. 知識管理（Knowledge management）
5. 網路事業（E-business）
6. 電子商務（E-commerce）

習題討論

1. 請說明網際網路的發展與重要影響。
2. 網路行銷有何特色？
3. 網路事業的內容與發展為何？
4. 何謂網路事業模式？
5. 購買網路廣告要如何管理？
6. 購買網路廣告時，如何選擇網站訊息評估？
7. 線上廣告要如何管理？

本章參考書籍

1. 劉明德，曹祥雲，方之光，顧洪旭著（1999），電子商務導，台北，華泰。
2. 王貳瑞著（2000），電子商務概論，台北，華泰。
3. 詹佩娟譯，R. Zeff and B. Aronson 原著（2000），廣告 Any Time—網際網路廣告（千禧版），台北，漢智電子商務。
4. 台大資管系編譯（2002），電子商務知識經營管理，台北，全華。
5. W. Hanson, Principles of Internet Marketing (Ohio: South-Western College,2000).
6. J. Strauss and R. Frost, E-Marketing (N.J.: Prentice-Hall, 2001).
7. Pride, Hughes, and Kapoor, Business (Boston：Houghton Mifflin, 2000).
8. Yahoo！2012/3/5，http://tw.marketing.campaign.yahoo.net/emarketing/ 相關網站。

歡迎加入 全華會員

● 會員享購
會員享購書折扣、紅利積點、生日禮金、不定期優惠活動⋯等。

● 如何加入會員
掃 QRcode 或填妥讀者回函卡直接傳真 (02) 2262-0900 或寄回，將由專人協助登入會員資料，待收到E-MAIL 通知後即可成為會員。

如何購買 全華書籍

1. 網路購書
全華網路書店「http://www.opentech.com.tw」，加入會員購書更便利，並享有紅利積點回饋等各式優惠。

2. 實體門市
歡迎至全華門市（新北市土城區忠義路 21 號）或各大書局選購。

3. 來電訂購
(1) 訂購專線：(02) 2262-5666 轉 321-324
(2) 傳真專線：(02) 6637-3696
(3) 郵局劃撥（帳號：0100836-1 戶名：全華圖書股份有限公司）
※ 購書未滿 990 元者，酌收運費 80 元。

OpenTech 全華網路書店 .com.tw

全華網路書店 www.opentech.com.tw
E-mail: service@chwa.com.tw

全華網路書店 www.opentech.com.tw
E-mail: service@chwa.com.tw

※ 本會員制如有變更則以最新修訂制度為準，造成不便請見諒。

親愛的讀者：

感謝您對全華圖書的支持與愛護，雖然我們很慎重的處理每一本書，但恐仍有疏漏之處，若您發現本書有任何錯誤，請填寫於勘誤表內寄回，我們將於再版時修正，您的批評與指教是我們進步的原動力，謝謝！

全華圖書　敬上

勘　誤　表

書　號			
頁　數	行　數	書　名	作　者
		錯誤或不當之詞句	建議修改之詞句

我有話要說：（其它之批評與建議，如封面、編排、內容、印刷品質等⋯）